矽谷

B2B
業務聖經

以最精簡的人力，創造3倍業績

PREDICTABLE REVENUE

Turn Your Business Into a Sales Machine
with the $100 Million Best Practices of Salesforce.com

AARON ROSS

亞倫・羅斯——著　雲翻譯——譯

推薦序 | # 如何把商機變業績

　　看完這本《矽谷B2B業務聖經》，讓我聯想到一則動物紀實影片。一隻凌空而下的貓頭鷹，在擭取獵物時，目標是明確的，眼神是專注的，行動是簡潔有力的。對於一個以「業務」為志命的工作者，這不正是一個以動物為師的典範？

　　在本書中，可以窺見作者毫不藏私，鉅細靡遺地將個人經驗形諸筆墨，揭櫫在當今全球化浪潮大市場中，應懂得取捨的睿智，一如貓頭鷹的目標明確。對於無效益的目標客群，過多的猶疑、追逐，不過是時間成本的浪費，而「洋蔥分層」概念，可以幫助避免進入誤區；專注於潛在客戶的成功，作為自己的職志、成就與快樂，雙贏將成為一種共伴效應，會一圈一圈、一波一波蕩漾開來，形成銷售自動化系統。作者更標舉出有規劃的業務工作，可以擺脫業績在哪裡的恐慌，任由亂槍打鳥的傳統思維模式，只會創造出隨機營收，並非可預測的營收。

　　跳脫傳統思維，是陌生電銷「2.0」時代的一項標誌，以人為主的業務工作也不例外。以量取勝的業務大軍不再當道，作者訴求將業務工作細分成以創造開拓性質的業務開發專員（SDR, Sales

Development Representative）與有業績目標額度的業務專員或客戶經理（AE, Account Executive）兩大類，可以免除傳統業務人員只求達成銷售業績，不關注企業成長，導致表面看似風光實則不然的結果。

而所有的企業主一致關心的議題，是商機從何來？作者將不同的行銷手法做出生動的比喻。如「種子」類型的商機，需耗費大量的時間來培養，一旦步上軌道，這類商機通常都有著高度的轉換和成交率。「種子」常是那些對產品滿意的客戶（口碑行銷）所介紹來的、搜尋引擎優化（SEO）後產生的有機搜尋增量而來、看到公關新聞的讀者、在地使用族群，又或是被社群媒體及優質內容所引來的商機。「網子」是傳統的行銷方法，撒大網、然後看看你會撈到什麼，透過電子郵件行銷、會議、廣告或是一些網路付費行銷（PPC, Pay Per Click）的模式。「長矛」則是來自於公司內部的業務人員，有目的性地對外陌生開發所產生的客戶。

自從多年前「吸引力」的祕密被揭露，電話銷售也從「銷售1.0：推銷力」晉升到「銷售2.0：吸引力」。創造是快樂的，分享也是快樂的，快樂是「2.0」時代獨有的企業價值與願景。作者以「創造農場團隊體系」、「Marketo的營收漏斗」為例，一幅幅邏輯清晰、具體實用的工作圖表，以及諸多的免費應用資源分享，希望能喚醒尚未從1.0時代醒來的讀者。

原來，醒來是快樂的，快樂的員工才能建立出快樂的客戶，快樂的客戶可以滋養更多快樂的企業，本書即要引領讀者，開始一個有成就感、自由、快樂的事業。

緯創軟體公司董事 李紹唐

曾任IBM臺灣分公司協理、Oracle臺灣公司董事總經理、Oracle中國公司華東暨華西區董事總經理、中國多普達通訊有限公司執行長兼總裁、連營科技股份有限公司總經理、晶讚光電股份有限公司執行長

推薦序 │ 業務的科學

聽到「業務」這兩個字，你想到什麼？

在捷運站出口，汗流雨下，逢人便問的菜鳥保險業務員？還是幫你澆花倒垃圾，厝前厝後顧條條的房屋仲介？或是每天看起來西裝筆挺，黑框眼鏡，滿口英文術語，但每天都吃同一家滷肉飯的外商顧問？

對一般台灣公司來說，不管你有多本土，或者多「國際化」，業務的職責不出下列幾點：

●尋找商機（Sales Leads）

商機是一切的開端。在這個階段，業務員需要找出可能發展出商機的人或是機會。不管你有多會成交，沒有新的商機，就像源頭沒有源源活水一樣，現有的機會終究會慢慢用完。

在捷運站出口，汗流雨下、逢人便問，就是一種找尋新商機的方式，上列這種叫做陌生開發。

●培養商機，直到成交

找到商機後，這些商機僅僅代表潛在客戶的「興趣」或是「意圖」而已，離成交收錢還有一段距離。業務員會耐心地培養商機，找各種方法增加客戶的購買意願，解決客戶諸多疑慮與戒心，直到成交。

培養商機的呈現方式有很多種，比如說上列的「幫你澆花倒垃圾，厝前厝後顧條條」。

●售後服務

成交後，傳統業務還有一項工作：售後服務。如果客戶使用產品或是服務有任何問題，他們會直接一通電話找到當時買產品服務的業務員，聲嘶力竭地求救。

如果在意長久的客戶關係，或是未來商機的成交可能，業務員會盡力使命必達。

但是問題來了，這三項工作所需要的能力其實很不一樣。尋找商機需要的是分析能力，以及厚臉皮屢敗屢戰的功夫；培養商機考驗的是關係經營、談判，還有引導的能力；售後服務所挑戰的，則是內、外部溝通與解決問題的能力。上述這些能力，所有業務員都全部具備嗎？

要業務員們精通上列所有能力，就跟聯考要考全科一樣，很可能會刷掉數理一流，但是史地爛到爆的數理天才。

每個業務員具備的能力與擅長的東西都不一樣。若要一位擅長培養商機的業務員做其他兩件事，既然他沒有興趣，也做不到頂尖，他在其他兩件事情上所投資的心力自然不多。惡性循環下，他上游的商機會漸漸斷炊，下游的客戶服務滿意度也會漸漸降低。

本書作者在Salesforce.com帶領業務團隊時，發現如果把上列三項作業拆開來，讓擅長每個作業的人各司其職、火力全開，能夠使業務團隊像是吃了禁藥一樣強大。

在尋找商機的這個部分，成立業務開發團隊，用各種可以量化與實驗的方式，測試各種話術，找出每個潛在客戶的興趣，以及所在意的產品／服務效果，進行陌生開發，並把良好的商機交給在下游的業務團隊。

接著由業務團隊接手，讓擅長培養關係、展演產品與成交的業務專員，把商機帶過成交的終點線。

最後，由專門售後服務的客戶成功團隊幫助客戶解決問題，確定產品與服務達到客戶預期的效果，爭取未來續約或是轉介紹的可能性。

　　三個團隊分別使用不同的成績單位衡量。衡量業務開發團隊表現，是以高品質商機數量為基準；給業務團隊打分數的時候，則是以成交率與營收；最後，客戶成功團隊當然是以續約率作為成績標準。

　　如此一來，上、中、下游都有各司其職的團隊，我們很容易可以在報表中看到哪個團隊的哪個環節出現問題，拖累整個銷售管線（Sales Pipeline），也很容易在各個拆開來的環節中做小實驗、A／B測試，找出更有效的銷售方式。

　　這套業務框架，早已是矽谷大大小小公司規劃、執行業務團隊的方式，我也希望能早日聽到它在台灣開花結果的案例。

《砍掉重練》作者，矽谷工程師 陳昭穎

前　言

現在流行相信能夠藉由像是宗旨（purpose）、快樂的員工及顧客、願景及成就等價值來發展事業，而且已經由Zappos這樣的公司證明確實有效。但光是有「宗旨」還不夠，如果你的業績始終低迷，實在很難快樂得起來。

希望自己能出人頭地、賺大把鈔票、創造有成就感的快樂工作團隊並改變世界，再自然不過。但若是你僅能糊口、阮囊羞澀，一直在為財務目標掙扎，你又怎麼能達成上述夢想？

為了維持影響力，你需要穩固、簡單且永續的銷售做法。

要是你能月復一月實施一個令人享受的業務流程，穩定產生可預期的高品質銷售機會，狀況會如何？

如果你能使招攬新客戶的業績成長40％、100％甚至是300％，而且永遠不用再做缺乏效益的陌生電銷，你公司的營收和成長會是什麼模樣？

我希望可以透過撰寫這本書，幫助主管和業務組織感受到可預測營收所帶來的成功、自由和心靈平靜。

Chapter 1
營收1億美元
是從哪裡來的

在加入Salesforce.com之前，
我從來沒有做過企業對企業交易（B2B）業務，
但這正是幫助我有所突破的契機……

高營收從這裡做起

我要直接釐清現代關於有效銷售中最大的誤解：以為增加業務人員，就會增加營收。

你想擁有胸有成竹的平靜，知道自己的業務部門會成為一個「銷售神器」（Sales Machine），能不斷創造可預測的營收，凡是有需求就能產生新商機，而且你不用持續煞費苦心關注該部門，就能達到財務目標嗎？

我在Salesforce.com建立了一套創造銷售商機的流程與團隊，讓營收在短短數年內即成長超過1億美元。後來我與合夥人將這套流程傳授給其他公司，使他們的營收成長2～3倍，像是Responsys（Saas行銷平台第一名）、WPromote（在Inc雜誌五百大公司之中，第一名的搜尋引擎公司）以及HyperQuality（在90天內營收成長3倍）。我們客戶的銷售管線，80～95％來自於這個主動向外開發客戶的流程，且驅動大部分（或所有）的成長。

你當然會想要更多營收，但如果無法預測這種營收，又有什麼好處？無法重複的單次性營收暴衝，不會幫助你達到有持續性、年復一年的成長。你期待的營收成長，應該不需透過臆測，或每到季末和年末，才慌慌張張地在最後一刻祈禱和催生交易。

本書是根據我在Salesforce.com任職超過8年的經驗，以及為許多科技和商業服務公司提供諮詢與顧問的心得撰寫，包括SuccessFactors、Responsys、Servosity、Clickability、AfterCollege、4INFO、CitrusByte、Savvion、Trulia、WPromote、X1、BrightEdge、NEOGOV、Bovitz Research Group和其他公司。

三個達到可預測營收的關鍵

打造一個創造持續性、可預測營收的銷售神器，需要以下3個關鍵：

1. 可預測的「商機產生」（Lead Generation）活動，是創造可預測營收最重要的關鍵。

2. 業務開發團隊，它是連接行銷和銷售之間的橋梁。

3. 一致性的銷售運作系統，因為沒有一致性，就沒有可預測性。

當我在Salesforce.com以及為其他公司提供諮詢時，我一再發現，最能影響可預測營收，且能用最少精力來達成目標的方法，是建構一個向外開發業務團隊（Outbound Sales Development Team），完全專注於開發潛在顧客——意思是，不投入精力在達成交易或自來商機上！你會在本書「陌生電銷2.0」相關的章節中，學到哪些方法有效。

　　有時候你需要的只是一個好點子，以及適當的實踐方法，就能讓事情上軌道。本書是集合一系列讓你能夠快速瀏覽和實際運用，大小適中、簡明易用的訣竅。我的目標是提供一本資源指南，讓你不論打開任何一頁，都能找到有助益、易學且能應用的內容。

你是沒接觸過業務的新人，或是新科執行長嗎？

　　本書主要是撰寫給已有一些業務經驗的人，所以書中我們會直接跳到像「致命的規劃錯誤」和「陌生電銷2.0」等話題。

　　如果業務、業務管理甚至擔當執行長，對你來說是新鮮事，我建議你先讀本書第6章「產生商機與『種子、網子及長矛』」和第7章「執行長和業務副總們所犯的7個致命錯誤」。

　　那兩章會讓你在讀本書其他部分之前，獲得更多與業務相關的基礎知識。

「熱煤炭」的速寫

每個執行長或業務副總，都會對下面的圖片深有感觸。大家都經歷過、或此刻正感受著這些「熱煤炭」──上上下下業績線產生的壓力、達不成業績目標所引發的懊惱，以及不確定性。

通常「熱煤炭」的成因，是來自於從有機成長（Organic Growth）的A區間，轉換成主動出擊式的成長（Proactive Growth）C區間之間的轉換期；也就是獲得顧客的方式，從透過創辦人的人脈和催促，或是網路行銷的有機成長，轉換成投注精力去建構可預測成長的流程。從有機成長轉換到主動成長，需要新習慣、新實踐法和新系統，因此常常造成許多延誤與挫折。

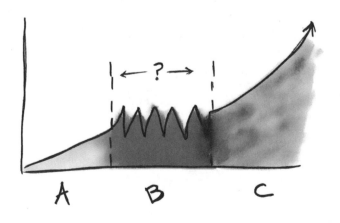

這時我們必須豁達地理解，轉型並非一蹴可幾。當你經歷這個「熱煤炭」階段時，依舊要堅持執行、保持毅力及耐心，無論要花幾個月——許多情況下，甚至要耗費數年時間。

我寫這本書的目標，是要盡可能以快速、簡單又高獲利的方式，幫你通過熱煤炭區。唯有當管理部門和董事們同樣瞭解這可預測營收模式的基礎原則時，這一切才會發生（而這和僱用更多業務人員無關！）。

每年董事們和業務副總
所犯令人痛苦的計畫錯誤

若你是業務新手，我建議你先讀第6、7章。

我要直接挑戰現代有效銷售中最大的誤解之一：增加業務人員，叫他們更辛苦工作，才能增加營收。

對產品價格位於10～25萬美元的公司來說，想靠僱用更多雙「在街上走動的腳」來驅動營收成長，這種老式策略常常失敗。

來看看這些想要透過增加顧客來快速成長的公司吧（而非那些已經用穩定、大量的顧客群來驅動成長的成熟公司）。他們所面臨最大的問題，就是在網路出現之前有效果的銷售原則，在網路出現之後就再也沒用了。「我需要營收成長一倍，就得僱用多一倍的業務人員，不然就是我現有的團隊要加倍辛苦工作。」

錯了。在具有高生產力的銷售組織中，業務人員並不會促成新客戶的增加，他們只是在促使成交。對傳統銷售思考來說，這是一個重大的轉變。我這裡說的是新客戶增加最根本的驅動力，而不是業務人員跟新客戶增加的相關性。當然，如果公司持續擴展，你終究會需要更多業務人員，但他們並不是造成新客戶數量大幅成長的原因。

還有，雖然「更努力工作」和「打更多電話」，是執行長、業務總監和業務人員之間非常熱門且簡單的銷售策略，但這並不會擴大成長。況且，大多數業務人員的工時已經夠長了，叫他們更努力工作，就好比要他們更快速地往錯誤方向奔跑。這就像是船有破洞時，要他們努力把水舀出船，而非將漏水處修補好一樣白費力氣。

換句話說，「更努力工作」通常意味著：「我們在做的事情沒有效果，所以就做得更多吧！」

產生商機才能帶來新客戶

我預見未來業務人員將會越來越像客戶經理,而獲取越來越多新客戶的整體責任,將會落在負責創造商機的主管身上,他們會有需求創造副總、銷售管線成長副總、商機創造副總、業務開發副總之類的頭銜。

有些人會說:「你瘋了。我僱用業務人員,然後他們替我增加新營收,我這樣幹十幾年了。沒有優秀的業務人員,我們不可能和這些客戶達成交易。」

沒錯,這在以往的確可行,但現在已經與過去不同。

你確實需要優秀的業務人員,來與客戶達成交易。但你的商機創造能力越優秀,你就越不需要仰賴業務人員的個人能力與銷售流程。

商機創造能力越好=越多允許業務錯誤的空間。

讓我們做一個快速比較:

競爭者A：

- 試圖讓1000萬美元的營收，加倍到2000萬。

- 現在有10位業務人員，增加到15位。

- 新銷售管線每個月增加300萬美元營收，營收來自已驗證過能帶來商機的行銷活動（佔業績的40%）、一個陌生電銷2.0團隊（佔業績的40%）、合作夥伴（佔剩餘的20%）。我們會在本書後續幾章解釋這些名詞的意義。

- 業務人員的成長加溫期是4個月，因為他們是在創造出讓業務專員「介入」的銷售管線。

競爭者B：

- 試圖讓1000萬美元的營收，加倍到2000萬。

- 現在有10位業務人員，增加到20位。

- 競爭者B把費用花在行銷上，派業務人員打推銷電話，但沒有真正去追蹤銷售管線內的指標。不過業務副總和業務人員已經自成一套，能用一些胡攪蠻幹的招數，每個月達到業績目標。

● 他們覺得新業務專員的成長加溫期，應該是3～6個月。但其實最後會變成6～15個月……如果這些業務專員真的會加溫。

你要賭哪一個競爭者能達到他們的目標？

在我個人的想像之中，接下來的12個月，太多公司在規劃下一年度的經營目標和計畫時，實際上會發生以下情況：

1. 董事會和／或執行長，為來年設定一個有幹勁的營收目標（大多基於能獲取新客戶）。

2. 業務副總和／或執行長，將營收目標按照每位業務人員所被期待的配額，來決定需要多少業務人員來達成此目標。

3. 僱用新業務人員時，耗費的時間比預期長，且業務人員的加溫比計畫中慢了許多，導致一再錯過業績目標。

4. 年末將至，離業績目標卻還有一大段差距。感恩節將至已經讓大家備感壓力了，未達業績更是雪上加霜，每個人的心情都非常沮喪。

致命錯誤的根源

追根究柢，害業務副總被開除的原因（其實董事會和執行長也同樣有責任），就是這個錯誤的假設：公司只需提供極少協助或資源，業務人員就能從過往的客戶關係網，或是藉由打很多推銷電話，來找到新生意。

純粹靠業務人員自己的力量，沒辦法獲得足夠的新商機，至少不夠養活自己。好吧，有時候有些業務人員會達到目標，這種狀況就像是有些人會中彩券。

為什麼他們做不到呢？理由是：

1. 老練的業務人員，很不擅長開發陌生客戶。

2. 老練的業務人員，恨透了陌生客戶開發。

3. 即使業務人員成功做了一些開發，一旦他們發掘到客戶，就會變得太忙碌，沒空再進行開發，導致無法持續取得新客戶。

除非交易額龐大（大於25萬美元），或者身處一個真正靠關係經營的行業（譬如廣告界），否則我無法拿公司下賭注，冒險採用老式的做法，也就是「僱用一些有經驗的業務人員，然後趕他們上戰場，讓他們自生自滅。」

董事與執行長如何使問題加劇

　　一旦產品準備要上市，並開始有顧客採購後，董事與執行長便常常會急忙設定一個100％的業績成長目標。他們武斷地挑選目標（因為這個預測完全不是奠基於數據），然後向業務副總施加壓力。業務副總隱忍吞下（尤其當他在設立目標上沒有發言權時），開始忙著聘用業務人員……最後無法按照計畫達成業績。公司未達目標，執行團隊遭到重整。

　　為何人們和公司傾向把時間花在行不通的事情上，而非花時間找出真正有效的做法呢？到了第二季，當業務人員尚未達到年度目標，就會有來自董事、執行長或業務副總的壓力，要求僱用更多人！「我們落後目標，所以需要僱用更多業務人員！」這怎麼會合理呢？

　　為何執行長和董事會不斷犯下這麼愚蠢的錯誤呢？因為面對壓力時，人們傾向退回熟悉的舒適區，而非冒險嘗試新方法。人們傾向做行不通的事，而非往後退一步、深呼吸，試著找出一條新路徑。

一些產生商機的方案

可惜的是，至今尚未有任何快速、能重複使用的方法，來解決產生商機的問題。事實上，如果你還沒有任何可重複使用的創造商機方案，接下來已經可以預見，你將無法達成未來6～12個月的業績目標。

就算你的金主再怎麼催促，獲得大量商機和可預測營收需要花上2～12個月，甚至更久。為了取得成效，所花費的時間會快速累加，因為：

1. 你會花時間決定是否要開始一個新的專案，以及要開始怎樣的專案。

2. 再來你得付諸行動，然後產生商機（希望有這麼順利）。

3. 最後，再加上平均銷售週期……這只是你在可預測的營收模式下，所累增的第一筆成交的交易。

怎麼做才能持續產生新商機呢？

● 試誤法。這需要耐心、實驗與資金。

● 透過教學來行銷。藉由固定舉辦網路研討會、發布白皮書、寄發電子報和直播活動，在該領域建立起可信任的專家威望。但想建立可預測的動能，會花掉很多時間。

- 耐心建立優良口碑。這是價值最高的商機產生來源，但也是最難施力、干預的方式。

- 運用陌生電銷2.0業務流程。這是至今最能預測、且可控管之製造新客戶的來源，但需要專注力及專門技巧才能做得好。幸運的是，你目前讀的這本書，就是達到此一目標的指南。

- 打造一個令人興奮的合夥經銷生態。價值非常高，但需要投資很多時間才能看到結果。

- 公關。當它偶爾能真正帶來結果的時候，當然不錯！

　　再次強調，為了取得成效所花費的時間會快速累加。你會花時間決定是否要開始一個新的專案、怎樣的專案，然後開始付諸行動，希望產生商機，最後加入平均銷售週期，只單單為了成交你的第一筆交易。

從提昇認知著手

　　要從整個公司究竟產生多少新客戶到銷售管線上，著手提昇整個團隊的認知：

- 你的執行團隊和董事們，知道公司每個月需要產生多少（合乎資格的）新客戶到銷售管線嗎？這是第二重要的追蹤指標，僅次於最終成交的數量。

●董事層級對「每月產生到銷售管線的新客戶」之數量有概念嗎？

●針對「潛在客戶」、「商機」、「機會」等詞彙，有普遍的認知和相同的定義嗎？其中一項最嚴重的問題，通常是公司高層和執行主管之間，對詞彙與衡量指標產生溝通失準和誤解。

　　至少，如果你的執行團隊和董事，能理解到在銷售管線預計放入的新客戶數目，與真實數目之間的差距，也就是為了達成業績目標，需要在管線內增加多少新客戶，以及這些客戶源自何處，你才可以開始更實際地訂立和執行目標，也比較不會因為總是發生未達目標之類的意外，而且你還不明白這些意外的真正緣由，導致你與團隊和投資人之間失去信任。

你是否曾經覺得自己很失敗？

　　本書每一課都是吸取教訓而得來的經驗。是的，我曾經是那些執行長之一，犯了前段所描述規劃的致命錯誤。目前你在生活或工作上所面對的沮喪、挑戰、失敗是哪些？你知道你最大的成功可以來自克服這些挑戰嗎？

你已經讀過本書前面的內容，或從我的部落格得知，我的銷售流程幫Salesforce.com創造1億美元的可再現營收。整個「可預測營收」的概念，亦即這個成功的種子，其實源於我自身一次慘痛至極的失敗。

1999年，我是LeaseExchange.com的創辦人和執行長，這是一家規模50人的網路公司。我從血淚之中，瞭解到在管理與銷售領域，哪些做法有效，哪些做法沒用。基本上，就是我搞砸了很多事，也不向其他人求助。在向創投募到500萬美元，運作了2年之後，公司在2001年倒閉。

夢想就這樣死了。

你有夢想凋零的經驗嗎？（我還離過婚，那是更加痛苦的經驗，但可別等著我寫一本談「可預測愛情」的書！）你曾經對生命中某件事感到非常興奮，勝過之前任何事，最終卻讓它徹底毀滅、燃燒殆盡？這是很可怕的一件事。身為創辦人和領導者，我覺得自己要對扼殺這個團隊的夢想負責。

當夢想瀕臨崩解時，我花太多時間將自己隔絕於人群和工作，成了一個隱士。其實那正是迫切需要往外尋求援助的時候，我卻採取了最錯誤的做法。

在公司即將倒閉的那段期間，我靠每週五晚上邊喝伏特加邊打電腦遊戲來逃避現實，麻痺自己並轉移注意力，不願面對現況。一旦公司終於倒了，我反而感到一陣輕鬆，因為瀕臨崩解的進行曲已然結束。

回想起來，我能夠對於擔任執行長與創辦人時所犯下的錯誤心存感恩。老實說，我是一個糟糕透頂的管理者。即便痛苦無比，在LeaseExchange獲得的幾年經驗，為我在Salesforce.com和現任公司Predictable Revenue Inc.的成功奠定基礎。

加入Salesforce.com時，我將自尊拋在門外，從最資淺的業務員幹起，年收大約5萬美元（還有非常少的股票，大概0.0002％）。我差點進不去Salesforce.com，但我決定無論如何，我一定要加入。

我從自己開公司當執行長，變成到Salesforce.com接聽免費客服電話的業務員。你的自傲是否阻礙你為自己的幸福或未來做出重要決定？事實上，如果你在2002年末註冊Salesforce.com的帳號，那位打電話和發電郵給你，發掘你是否為潛在商機的業務員，很有可能是我。

我做這個工作，是因為我深信在創立另一家公司前，我需要一個企管碩士學位的學習，瞭解如何建立一個世界級的業務組織。我不要學如何創造隨機營收，我想要創造可預測的營收。

現在我發現，這比我原先想的還重要，所以我決定撰寫本書。很多執行長和業務副總在建立業務團隊時犯了錯誤，浪費了上百萬資金和多年光陰。

我最後創造出一整個新的銷售流程和一個內勤業務團隊，在短短幾年之內，幫助Salesforce.com獲得1億美元之額外增加、可再現的營收。我在那裡組建的團隊與流程，都具備了持續性，後續幾年的表現依然亮眼。

失敗幫助我看清為什麼值得從最基層重新幹起，現在我對我的失敗充滿感恩。你最大的失敗或最近一次失敗是什麼？你從失敗中學到什麼？你能預料到日後將如何從此經驗中獲益嗎？

「失敗」只是你對於某次經驗的評斷，因為事實上，根本沒有失敗這回事——它們都是學習的機會。

1億美元的銷售流程

2003年時，Salesforce.com有一個問題：公司高薪聘用了一群外勤業務專員，目標是帶來並成交新生意，但他們卻極度缺乏在銷售管線的新客戶和商機。除了少數例外，他們賴以為生的人脈名冊絲毫幫不上忙。我們擁有許多高薪業務員，但銷售管線內的客戶數目遠遠不足。雖然公司以行銷和公關運作帶來很多商機，但大多是小公司，而非大企業。

我除了在大學時，經營過一個需要挨家挨戶拜訪的粉刷小生意以外，在我加入Salesforce.com以前，我從來沒有做過業務或商機創造。對這兩者一無所知，最後反倒幫了我，因為我替業務這件事帶來一個新觀點。

試著做一些陌生電銷（Cold Calling）之後，我瞭解到這種做法實在浪費時間，所以馬上放棄。我不只恨透了電話推銷（其實大多是因為那些被我推銷的人，很痛恨接到這種電話），整件事根本就無效。我知道一定有一個更好的方法——一個能讓人享受、有趣且有效率的方法。

　　我也讀了一堆有關業務和陌生客戶開發的書，然後把它們都丟了。大多書籍用不同的方法說一樣的事，完全沒有幫助。如果在八〇年代，那些書可能是很棒的指南。

　　起初我覺得很沮喪，因為好像必須要從零開始。最後我創造了一個陌生開發流程，由一支內勤業務團隊持續為有業績目標的業務專員，創造合格的新銷售機會。從此之後，幾乎每件事都為之改觀。

　　這支內勤團隊不再需要去審核網站的自來商機，不用處理銷售訂單的文書工作，不用再成交小筆生意，不用再跨足支援行銷部門。內勤團隊的注意力不再被分散。

　　這支團隊的唯一任務，就是在不使用傳統陌生電銷的方式下（詳情見第2章），從陌生公司（沒有互動前例或利益關係）創造新的有效銷售機會，再將這些機會交給有業績目標的業務專員來成交。

　　這支團隊只聯絡新客戶，以及至少有6個月沒有互動過而冷掉的老客戶。這支團隊不處理任何藉由口碑或行銷管道而產生的自來商機，那些顧客會由另外一組獨立的市場回應團隊來審核，接著讓客戶經理接手。

　　這個業務商機創造的流程，完全不打經我實證是浪費時間的陌生電銷。

除了聘請優秀人才，創造一個已經證實、可重現的銷售流程之外，另外還有2個非常重要的關鍵，讓這支團隊能年復一年表現亮眼：

1. **可預測的結果／投資報酬率**：我們有一個簡單的陌生開發流程，具備高效率、可重複與高度可預測性。我們的流程和訓練方法，讓業務員容易成功；當他們開始加溫之後，95%的人都能超過他們被指派的目標數字。

   累積大約12個月的結果與數據之後，我們便能預測未來部門中新業務專員可達到的目標結果。例如，我知道如果我們一年花10萬美元（包括所有雜項與管理費用）聘請一位業務員，每年他能帶來合計30萬的合約。我也能預測他會花多久時間上軌道，開始為公司帶來正現金流。

2. **自我管理系統**：每件事都是一個系統，我不要讓自己或團隊中任何一個人，成為走向成功的瓶頸。如果我被公車撞傷了呢？團隊必須成為能自我管理的系統，才能成長與成功。

   銷售成果成長的規模化，要能擴大到執行長和管理階層在整個過程中都不必參與的程度。太多公司的銷售仰賴執行長或業務副總出馬。除了給予指導，你要如何讓業務部門和銷售結果，不再依靠管理階層所提供的直接幫助？

讓缺乏資金成為優勢

我當然希望你能運用本書的技巧，賺到更多可預測的財富，但別只是盲從這些流程，要有創意一點。你要掌控自己的命運，不要讓「藉口」成為阻礙。

什麼事情阻礙你創造更多商機和可預測營收？是市場狀況或景氣不佳、缺乏資金、缺乏對的人才，還是技術上的障礙？

常聽到的藉口是「我們沒有行銷經費」，或「我們沒有銷售預算」，甚至「如果我們有更多資金……」。事實上，創造你想要的結果和公司，甚或你想要的生活，並不需要很多錢。缺乏資金常是用來掩飾缺乏創意的藉口。

你、你的執行長、經理或員工，都能替一個新點子、生意或專案無法如願得到好結果，找出各種聽起來合情合理的理由：時間不足、行銷經費不夠、員工缺乏動力，或需要資金投注等等。

這全都不是能阻擋你前進的真正原因，不論你想要的是更亮眼的成長、可預測的營收、創辦自己的公司，或將你的員工培養成迷你執行長。即使沒有資金，總是有方法前進。

回到資金與行銷預算這件事。資金幫得上忙，但擴大業績其實不需要很多行銷費用。Salesforce.com沒有花任何行銷費用，只利用建立一個向外開發團隊，便達到1億美元的營收。最初投資了多少錢？一個員工的薪水。

也許你正在想：「說得容易，對你來說很輕鬆，因為你是Salesforce.com的一員。你的公司很有名，你不需要預算，你有品牌、有各種支援了。如果我要增加銷售，但沒有品牌或一大筆資金作為後盾，那又如何？」

沒錯，Salesforce.com在灣區和新創公司之間，一直是知名公司。但當我們開始建立向外開發團隊，瞄準在2003年名列《財星》（Fortune）雜誌五千大的公司時，加州以外的大公司幾乎都沒聽過Salesforce.com。當我們打給潛在客戶，十之八九他們會問：「你們是幫顧客做業務開發嗎？還是協助招聘業務人員？」

我和公司當時的經理雪莉‧戴芬波特（Shelly Davenport），合作想出一個有趣的挑戰：對於名列《財星》雜誌五千大的公司來說，Salesforce.com仍是默默無名，但我們要開發出一個不需要任何經費或行銷支援的向外銷售流程。

當時正值網路泡沫化之後，任何與網路扯上關係的公司，都不會贏得太多好感。而且，大公司尚未接受軟體即服務（SaaS）是個可行的方案。知名的科技研究公司顧能（Gartner），還寫了幾篇「Salesforce.com非常適合小型公司，但不適用於大型公司」的關鍵報告。縱使Salesforce.com在市場灑了上百萬的行銷費用，但多半只觸及到小公司的決策者。

這個向外開發團隊專案剛開始運作時，除了我自己的薪水外，並沒有額外的預算。事實上，如今回想起來，如果有一大筆預算或一堆可用之才，我不會被迫使用創意來解決問題，進而為業務組織創造可預測的銷售管線和營收。我們做的事包括：

1. **全心承諾投入的人（就是我）**：能夠將全部的注意力投入挑戰，而非只投入25％的時間。

2. **兩個核心工具**：Salesforce.com應用程式，以及能夠找尋公司和聯絡人名單的OneSource（與Hoovers類似）。

3. **行動自由**：被當成內部創業者或「迷你執行長」，有三個月自由實驗的時間。

4. **進取的態度**：將問題視為有趣的挑戰，解決時能夠獲得樂趣。

5. 責任感：目標要為Salesforce.com創造出在業務方面有實質意義的事物。

　　這裡的重點是，當資源有限時，有一個清楚的目標且視其為有趣的挑戰，會大大促使自己和員工變得「有創意」。侷限常常會讓你和部屬更有創意，不要跟所謂的「現實」低頭！

Chapter 2

陌生電銷2.0：
不打推銷電話，
就能快速提昇業績

電話推銷遜斃了！沒有其他更好的方法了嗎？
有的，就在這裡。

銷售流程的第一批突破

我已經來回提到「陌生電銷2.0」很多次，主要是因為它完全不用向陌生客戶打任何推銷電話。事實上，如果你目前還在進行陌生電銷，表示你每件事都做錯了。

陌生電銷2.0的意思是，開發沒有互動過的客戶來創造新商機，但完全不打推銷電話。我將推銷電話定義為：打給不認識你、也不期待接到你電話的人。沒有人會樂在其中，打電話的人不會，接聽的人也不會，不是嗎？

　　陌生電銷2.0同時代表你有一套流程和系統，能創造可預測的客戶和商機。也就是說，這是一個知道如何投入「Ｘ努力」以帶來「Ｙ結果」的組織。事實上，若運作方式正確，它可以成為公司估計銷售管線內的客戶數量時，最能預測結果的來源。Salesforce.com、WPromote、Responsys正是如此。

　　縱使陌生電銷2.0是一套好幾個步驟的流程，它還是有一個初步的突破，來帶動雪球越滾越大。

　　2003年初期，我實驗過固定打推銷電話，看看有無作用，我拿起話筒又砰地放下。傳統的陌生電銷有點作用，但實在太慢了，我每個月能找到2個非常合格的機會。我強調合格，是因為向外開發團隊常常為了表面上的績效，便將很多品質欠佳的會議安排或是產品展演邀約扔給業務專員。所以當我說「合格」時，我是認真的。

　　2003年3月時，我的目標是每個月至少創造8個合格的機會，但打推銷電話每個月只能產生2個。真糟糕，我要如何將結果變成4倍？

第一個突破

當針對有數名高階主管的公司開發客戶時,最大的瓶頸不是接觸不到決策者、影響者或意見有分量的人,而是要先能找到他們!

最終的決策者,例如執行長,或以Salesforce.com來說是業務副總,通常不是最適合你優先對話的人選。在大公司裡面,有太多人的頭銜包含「業務」或「行銷」的字眼,外人看不出他們真正的職責。

我是透過拼死拼活地打推銷電話、寄推銷電子郵件,親身學到教訓。我瞭解到,我花太多的時間在獵尋那個對的人,而非嘗試推銷或評估機會是否合格。

如果找到那個對的人,我通常能跟他們進行很有意義的商務對談。但是我必須花上很多時間才找得到,特別是那些體制錯綜複雜、名列《財星》五千大的公司!

走投無路中,我嘗試了些實驗

我總是假設群發電郵(Mass Email)給管理層不會有用。莫非我不需要仔細撰寫每封信,讓它看起來有人味嗎?

我寫一封典型制式的推銷信：「你有這些挑戰嗎？以下……」。我也寫了另一封全然不同、「簡短扼要」的電子郵件——平淡無奇，沒使用HTML語法，只問了我該找哪個窗口。（在本書後面談電子郵件的段落，會說明為何我不分享這些電子郵件格式）。

我學到以下兩件事的重要性：（a）不要假設任何事，和（b）實驗。

某個星期五下午，我為Salesforce.com送出兩批群發電子郵件：100封是「典型推銷」電子郵件，給名列五千大公司的高階主管們，另外100封則是「簡短扼要」電子郵件，對象來自同樣類型的名單。

第二天早上收信時，我發現200封郵件中有10封回覆。再次強調，這些信是由大公司中的「長」字輩和副總階級回覆——正是我想要與之對談的人。

「典型推薦」電子郵件的回覆率：0%。

「簡短扼要」電子郵件的回覆率：10%！

而且從簡短扼要電子郵件寄發活動中所獲得的回覆，至少有5封是正面的，他們將我引薦給公司最適合的人選，讓我能進行銷售自動化軟體的介紹。

第二個突破

特別撰寫群發電郵給《財星》五千大公司「長」字輩階層，能有9％以上的回覆率。年復一年，高階主管的回應率始終能維持在7～9％以上，就連我現在公司的客戶也不例外。

一個月之後，2003年4月，我的成果增加了500％，得到11個持續留在銷售週期中、非常合格的銷售機會。而且，銷售機會增加之後，後續的確同步帶來營收成長。

於是，陌生電銷2.0的轉折點出現了：向高階主管寄群發電郵，問他們能否介紹公司內部洽談該業務的合適人選。

大量產生和成長的複雜性

讓一個人寄送電子郵件，然後在一星期或一個月內得到回覆是一回事；讓一個人或一個團隊，年復一年穩定創造銷售機會，就是另一回事了。

你的第一個電子郵件發送活動，只是更長旅程的第一步。

陌生電銷2.0在本書（和本書以外）的大多數內容，是要確保你的業務系統每年皆能創造可預測的結果，且適用於絕大多數的銷售類型或部門規模。

定義專有名詞和簡稱

業務界的每個人，都使用各種不同的名詞。底下是本書主要使用的名詞，以及它們的意思：

- **業務開發專員**（Sales Development Representative, SDR）：簡稱開發專員。這是進行陌生電銷2.0或「向外開發」的業務員。理想中，他們職有專精，只負責向外開發商機。他們不負責達成交易，也不審核從網站而來的自來商機。

- **向外開發業務專員**（Outbound Sales Rep）：業務開發專員的另一種說法。

- **業務專員或客戶經理**（Account Executive, AE）：有業績目標額度的銷售員，包括內勤業務員和外務業務員。

- **市場回應專員**（Market Response Rep, MRR）：只審核從網站而來之商機的內勤業務員。

- **銷售自動化系統**（Sales Force Automation, SFA）：業務部門用軟體或網路為基礎的服務，來管理所有聯絡人和客戶資料，自動化銷售流程和銷售結果報告。

- **顧客關係管理（Customer Relationship Management, CRM）**：軟體 或網路為基礎的服務，通常包括銷售自動化系統加上行銷與客 戶服務的功能，這樣所有與公司互動的客戶，都能經由單一的 系統管理。

在一家公司裡，名詞遭誤解或沒有釐清職責，會造成執行團 隊的困惑。記得確保你的團隊使用一組大家公認並暸解的術語。

陌生電銷，安息吧

為什麼老技巧不再有效？

雖然電話推銷或老式的業務開發信函，偶爾還能發揮作用， 但效果越來越差了。以下3個市場動態，改變了客戶開發的本質， 以及真正可行的做法：

1. **買家對推銷感到厭煩**，越來越抗拒每年老套的推銷和行銷手 法，譬如強迫推銷電話或廣發的行銷資料。

2. **銷售2.0[1]科技**，包括顧客關係管理系統和銷售2.0應用程式，將銷售變簡單，每個開發方法在落實、執行、查驗投報率等動作時，毋需再盲目猜測。

3. **行銷預算花費後，需要更加承擔結果**。現在商機創造和行銷預算漸增的壓力，來自於老闆期望錢花下去之後，要有數據證明確實帶來營收成長。每個商機創造專案都會被仔細檢視：「投資報酬率是多少？你怎麼知道？」高階主管想看到確切產生營收的證明。你有仔細衡量過陌生電銷的成效嗎？很有可能它們主要是在做虛工，沒帶來多少營收。一旦主管仔細檢驗這些活動，便會覺得失望。

陌生電銷2.0有什麼不同？

我將陌生電銷定義為：「打給不認識你、也不期待接到你電話的人。」

至於陌生電銷2.0，是對陌生的客戶進行開發，但不打推銷電話。更重要的是，一旦公司內部的業務開發團隊，以系統化的做法專心、全力執行此方法時，陌生電銷2.0會成為公司內最可預測成效、最穩定的銷售管線成長引擎，進而帶動營收。

1　編注：銷售2.0（Sales 2.0）眾人定義各有差異，主要強調運用新銷售工具和媒體，包括網路活動監測、社群媒體等，更有效率地促進成交。

以下是成功建立這個團隊的3個關鍵原則：

1. **不要打推銷電話！**用新方法來進行陌生客戶開發，不要在電話中讓人感到措手不及，或浪費時間跟把關者交涉。舉例來說，要寄簡單版的電子郵件，讓收件者把你引薦給正確的對象，他們才是期待、通常是歡迎你來電的人。

2. **重點是結果，而非活動！**這句話的意思是，一整天撥打的電話數量，或是安排會面的數量，既不有趣、更不重要。真正要追蹤的指標，是每日或每週的有效電話數量，或是每個月合格商機的數量。我們通常只在培訓期間，才會特別追蹤每日撥打業務開發電話的數量，因為那時候的新手業務，確實需要在這段銷售管線加溫期接受指導。

3. **每件事都是系統化、依照流程驅動！**這包括管理實務、僱用、訓練，當然還有實際的開發流程。由於強調重複性和持續性，新業務開發專員所帶來的銷售管線擴增和營收成長，將非常容易預測，整個團隊也能保持高度穩定產出。

你必須要騰出時間在解決這些「不緊急但重要」的項目上。與吃得健康、遠離垃圾食物一樣，實行這些原則需要自律和謹守承諾。如果你落入「太忙以致無法完成任何事」的陷阱，你就很難為自身的美好未來奠定基礎。

Salesforce.com的陌生電銷2.0故事

2002年，Salesforce.com開始建立一個外勤業務（Field Sales）部門，專門負責開發大公司客戶。除了自來商機（幾乎全由口碑而來），公司期待外勤業務員也必須要做向外商機開發。然而，他們並沒有開發出具體成果。

Salesforce.com瞭解到，除了外勤業務員沒有打太多客戶開發電話——這可理解，因為他們不喜歡；那些真正在嘗試開發生意的業務員，其實也是效率不佳。

大環境已經不同，九〇年代傳統的開發技巧不再適用。不只陌生電銷沒效率，提供高價值贈品（如商業書籍）的目標行銷專案，結果也令人失望。

讓外勤業務員打推銷電話，意味著讓時薪最昂貴的銷售資源，執行每小時價值最低的任務。

Salesforce.com決定需要找一個新方式，來創造自己可控制、可預測的客戶來源。

我們在2003年開始著手陌生電銷2.0計畫。我們花了一年時間測試，精進這個方法和系統，證明它能以高投資報酬率帶來額外增加的營收之後，才真正以這個計畫為準大量投資、建立團隊。

花一年的時間測試精進

我花費了4個月，首度在成功的新商機和合格銷售管線方面，創造出漂亮的單月業績。但在管理階層願意大量投入之前，他們很在意2個問題：

● 這個客戶會轉換成營收嗎？換句話說，我們能達成交易嗎？

● 資淺業務員也能運用這個方法嗎？也就是說，能規模化嗎？

我們提拔一位資淺業務員到我的團隊，我培訓他，很快他就開始創造跟我一樣的結果。於2003年的下半年度，在銷售管線內的客戶大量成交。那一年，我們合計成交超過100萬美元的新訂單〔至少代表300萬美元的顧客終身價值（lifetime value）〕，而且花費不超過15萬美元（大約是1.5倍的完整薪資）。

難怪2004年過沒多久，Salesforce.com的管理團隊便決定將陌生電銷2.0部門的員額，從2人增加到12人！

　　我們具備一項關鍵優勢：Salesforce.com本身的應用程式。沒有相關軟體的幫忙，我們就無法創造出相同水準的結果。傳統的銷售系統，如ACT、Goldmine和Siebel，反而會阻礙我們。這些系統相較起來非常慢、非直覺操作，而且缺乏所需要的功能，如方便分享一個共同資料庫、報告和儀表板。一、兩個人的小團隊，有可能適用那些傳統系統；一旦部門成長到6、12或20人時，它們就不敷使用了。

　　儘管我們面對了一些嚴重障礙（詳述如下），但成效是越來越好！

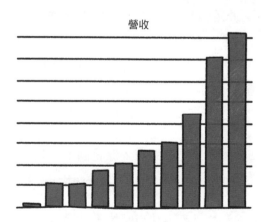

營收

陌生電銷2.0在Salesforce.com面臨的重大挑戰

你也許以為，開發客戶對我們來說很容易，因為Salesforce.com是時下的知名品牌，那些公司就願意接我們的電話。這絕對不是事實。雖然今天Salesforce.com是一個全球知名公司，而且SaaS的授權模式已被廣泛接受，但在2000年代的初期至中期，事情並非如此。

那時候，Salesforce.com默默無聞，且被大多數公司誤解。如果有人聽過Salesforce.com，他們通常會問：「你們是不是在提供業務團隊外包服務？」

Salesforce.com是SaaS領域的先鋒，它在網路上提供服務，而且隨客戶所需來供應。當時，SaaS尚未被主流公司所接受。更重要的是，傳統的客戶開發技術無法奏效。這就是我為何決定丟掉所有書籍和傳統觀念，從零做起。因為我在加入Salesforce.com之前，沒有任何業務經驗，所以我能以全新觀點切入。

以上種種負面因素擋在面前，但我們不放棄。管理階層給我所需要的時間（4個月）實驗，直到我創造出一個有效的流程。

你是否還在為找不到方法克服挑戰，尋找聽起來非常合理的藉口呢？

陌生電銷1.0 VS. 陌生電銷2.0

　　以下舉例是陌生電銷1.0與2.0在目標和做法上的差異，後續再說明許多不分業務類型、會影響銷售的趨勢。

什麼改變了？

陌生電銷1.0	陌生電銷2.0
所有業務員都要負責開發	由專門的團隊負責開發
態度是「一定要成交」	態度是「和客戶是否適配」
評量基準是「業務活動」（每日撥打電話數目）	評量基準是「成效」（合格的商機數目）
打陌生推銷電話	進行研究，撥打給轉介而來的對象
操弄業務技巧	真誠正直的方法
我痛恨這工作	我是在學習有價值的技術
冗長的郵件內容	短而吸引人的郵件
銷售系統其實是產能殺手	銷售系統可以提昇產能

我們進一步針對兩者的差異，提出更多想法：

1. **發展出受尊敬的專家**：在一家公司中，業務開發專員常被視為低階工作。如果你這樣看待這個角色，你就會得到低品質的結果。業務開發其實是一個有挑戰性、常常不討喜的角色。將他們像專家一樣對待，並且期待他們真的變成專家。不要吝於為他們提供培訓、發展與資源，要對他們的技巧持續精進訂下高期望值。

2. **打電話之前，先審核客戶和聯絡人背景**：陌生電銷1.0通常是撥打或寄信給那些未經篩選的業界通訊名錄。開發沒什麼潛力的對象，是業務開發專員和公司最常見的時間浪費。請投資足夠的時間，仔細描繪你真正理想客戶的樣貌。根據你現有最頂尖5～10％的客戶，定義出跟他們很相似的客戶，這些公司就是最有可能達成交易、且會為你挹注最多營收的顧客。接下來，再依照這個嚴格的標準，來建立出最精準的目標名單。

3. **做研究調查而非推銷**：當專員打給陌生客戶，不要把它當成在打推銷電話，而是要視其為「研究調查電話」，兩者的動機不同——與其試圖與決策者談到話，專員應專心設法瞭解這個公司，判定是否適合作為客戶。

4. **針對行動裝置優化的電子郵件**：避免發送無人閱讀的冗長業務信。寄發非常簡潔、適合在手機上閱讀的信。誠實扼要地告訴對方，你在探詢什麼？

5. **比基本的銷售自動化模式更進一步**：徹底利用銷售自動化系統，使其發揮最大效用。例如，一定要使用儀表板。許多功能也很好用，例如能夠刪除重複資料、清理數據、獲取聯絡資料，或是系統會自動提示你正在接觸的潛在顧客，已經造訪了你的網站。現在有非常豐富的選擇，能用來加強銷售流程中的每一步；事實上，選擇多到反而讓人不知所措了！但別因此故步自封，要不斷去測試，找出符合你公司需要的新功能。

陌生電銷2.0對我的公司有用嗎？

你的團隊有需要尋找新客戶嗎？

顧客的價值對你來說超過5000美元嗎？少一點的數目也能起作用，但可能較難獲得利潤。

若是如此，不論你販售的是商品還是服務，陌生電銷2.0都能夠適用。

　　我們創造出來的成果，並非僅是Salesforce.com獨有的特例。例如，Responsys是我和艾倫西·馬丁（Erythean Martin）聯手協助實施此系統的第一家公司。4個月之內，每位業務開發專員創造出300％的銷售管線成長，陌生電銷2.0成為公司中數量最多且最能預測的新客戶來源。

　　陌生電銷2.0對顧問業和提供服務性質的公司也有作用，雖然相較之下更具挑戰性。專業服務性質的公司，傾向依靠關係和品牌發展業務，而非因為產品能提供特定好處。為了讓這系統更有價值，服務性公司必須花更多時間，來校準出理想顧客的樣貌，以及他們所面臨的挑戰。當然，對任何商機創造的活動來說，這些動作都是必須的，並非只有在進行陌生電銷2.0時才需如此。

　　最終，若執行長和執行團隊有堅定執行的意志力，能夠放棄以往打推銷電話的做法，遵照新流程行事，那就會奏效。

為何業務專員不應該打推銷電話

無論是內勤或外勤業務部門，期待業務專員（有業績目標配額的銷售員）做所有開發新顧客的工作，會產生3個問題：

- 沒人喜歡做這種事。
- 他們通常不在行，甚至是非常糟糕。
- 讓最昂貴的業務人員，做低價值的工作，這樣使用公司資源很不明智。

那麼，業務專員應該在何時、在何處開發呢？以下是業務專員應該在何處運用寶貴開發時間的一些原則：

- 從一份「前五」或「前十」、針對策略目標客戶的簡短名單來著手。
- 從他們目前的客戶基礎著手。
- 發展轉介或通路夥伴。

關鍵在於，讓你最昂貴的員工，專心負責少量但高價值的活動，例如與關鍵客戶建立關係。那些低價值但大量的活動，則設立其他職位，指派專員負責處理。

個案研究：可預測營收如何驅動Acquia 一億美元營收的成長曲線

　　德勤（Deloitte）在2013年11月，表示Acquia是北美成長最快速的私人軟體公司。他們是如何做到的？如果你能創造你需要的所有合格商機，因為有了可預測、可規模化的商機來源，你就能夠創造可預測的營收和成長。

公司介紹

　　Acquia是一家總部位於美國新英格蘭地區的公司，他們為使用網站協作和出版的開源平台Drupal，提供產品、服務和技術支援。隨著Web 2.0的爆炸性成長，以及Drupal平台名聲鶴起，成為全球上百萬個網站平台（其中包括許多超大型網站）的建置選項之一，Acquia因此穩定成長。從2007年開始的5年間，Acquia入選為《Inc.》雜誌五百大公司的第8名、軟體公司第1名、在波士頓的公司排名第8。

提姆・伯特蘭的靈光乍現

　　上述這些成長，都發生於2012年以前，但該公司的業務主管們訂定了一個野心更大的目標，規劃在首次公開發行（Initial Public Offering, IPO）之前，要讓公司的營收成長1億美元。他們明白不能單靠自來商機，或由合作夥伴帶來新生意，就奢望能達到這個目標。剛好在2012年春季，Acquia的全球業務副總提姆・伯特蘭（Tim Bertrand），在大衛・斯寇克（David Skok）訪問本書作者亞倫・羅斯的文章「為何業務專員不應該負責開發」之中，發現可預測營收的概念。

　　這篇文章概述了一個全心投入向外開發的團隊，能夠月復一月、可預測性地持續創造新的高品質銷售商機，讓公司有一個能掌握與擴大新銷售成長的方法。當Salesforce.com在2003年，員額不到300人、營收低於1億美元時，就是採用了這個做法。讀完文章後，伯特蘭立即冒出一個想法：「我想知道那位作者是否開設私人培訓課程？」

　　伯特蘭和業務主管團隊一起投入，包括內勤業務副總麥克・史丹庫斯（Mike Stankus）和主任傑夫・史密斯（Jeff Smith）。短短37天之內，他們訂立了向外開發的業務策略，聘請第一批業務開發專員（總計3名），並請亞倫・羅斯來幫助他們建立與培訓這個團隊。

前120天的成果

新上任的業務開發專員，前30天大半是在讓自己上軌道：

- 學習Acquia產品與目標市場；研究本書作者網站上與陌生電銷2.0相關的內容；見習業務專員的活動，獲得職場經驗。

- 電子郵件與其他線上／資訊帳戶的建立和設定，包括學習使用Salesforce. com。

- 完成初步可預測營收的里程碑，如寄發首批200封向外開發電子郵件，完成首批20通電話交流，撰寫理想的向外開發客戶樣貌檔案（會與公司通用的理想客戶樣貌檔案不同），建立初期潛力顧客名單。

縱使新僱員是從零開始學習，3名開發專員依然順利達成他們首批價值100萬美元的新銷售管線，亦即符合銷售條件的合格商機。一個符合資格的銷售商機，是業務開發專員審核後傳給客戶經理／業務專員的商機，再由業務專員進一步以產品展演或探詢電話加以審核，才納入銷售管線。

一年之後的數據

● 額外創造價值600萬的合格銷售管線／合格商機。

● 以前18個月的銷售管線內客戶為基礎，創造300萬成交營收。一旦輪子開始動起來，增加速度會更快。

● 美國和歐洲的業務開發團隊人數，從3名增加到25名。這也增加了管理支援的需求，所以在美國聘請了湯姆・莫道克（Tom Murdock），在歐洲聘用了湯姆・肯恩（Tom Cain）。

● 每位上軌道的開發專員，能額外創造價值200萬美元的銷售管線客戶，或每季大約價值1200～1500萬美元的合格客戶。

● 由業務開發工作創造的新業務銷售管線量，從0％提昇為40％。

　　1億美元再也不是「如果」能達到，而是「何時」能達到。

　　在設置業務開發團隊短短一年之後，Acquia的新業務管線成長了75％。向外開發團隊顯然在未來幾年，會大量、額外地增加營收，幫助Acquia更迅速打破總營收成長1億美元的目標。

對Acquia業務開發專員的期待

Acquia期待每位業務開發專員做到：

● 每個月發送300～500封向外開發電子郵件。

● 每個月打100通與各種人的「簡潔對話」／「電話聯繫」。

● 每個月打20通與影響者／決策者的深入探詢、時間較長之電話。

● 每個月將15個合格銷售商機（Sales Qualified Leads, SQLs）傳給業務專員，並被他們接受。

Acquia期待從這個活動漏斗，能針對銷售管線和營收產出：

● 以年度可再現營收（Annual Recurring Revenue, ARR）為準，每個向外開發的交易金額平均達到5萬美元。

● 每個月15個合格銷售商機，等同每個月有價值75萬美元的客戶在銷售管線內。〔此目標比一般標準來得低（每個月8～12個合格銷售商機），因為他們專門瞄準較大型的客戶。〕

● 期望每個月每位業務開發專員能產生55000～65000美元的年度可再現營收，也就是每人每年能產生72萬美元年度可再現營收。

以20位業務開發專員，每人產生60萬美元年度可再現營收，來計算一年後的狀況。Acquia可以預期為銷售管線遞增等值6000萬美元的客戶，以及至少1200～1500萬美元的年度可再現營收。以10倍的股價營收比估算，對投資人來說，這也代表在短短2年半之內，股權價值會額外增加1.2～1.5億美元。

2014年中期，他們計畫在接下來的18個月，將團隊規模再加倍（來到40位開發專員），協助他們增加額外3000萬美元的年度可再現營收。

雙贏的職涯道路

由於創建了業務開發部門，Acquia現在有一個利於培養業務專員的良好職涯路線。他們可以用合理的價錢僱員工，觀察他們的表現，再找適當時機升職。這種做法可以徹底避免僱用到不合適的業務專員。

Acquia成功執行向外開發活動的6項要訣

1. 高層管理團隊參與其中，從最高層開始支持。如果執行長不認同將銷售團隊的角色專門化的主意，成為「業務開發專員只負責開發業務」與「業務專員只負責完成交易」，效果就不會持久。

2. 他們「就去做」，免去因過度分析而造成的優柔寡斷。從全球業務副總監伯特蘭讀「為何業務專員不應該負責開發」的文章，到訂立業務策略、核准聘用第一批業務開發專員，並與 Predictable Revenue Inc.簽署顧問合約，只花了37天。隨時間過去，他們自己便將其他細節弄明白了，例如訊息發送、顧客關係管理／銷售工具、數據和公司計畫等等。越快開始行動，就越快學會要怎麼做才能取得成果。

3. 業務團隊和業務開發專員渴求各種新點子及相關做法。特別是當轉型到業務管轄區域模式（Territory-based Model）時，過去平均分配自來商機的方式將不再奏效，現在他們需要穩定且篩選過的商機。

4. Acquia最初聘用了3名傑出的業務開發專員：2名在美國，1名在英國，工作內容只有向外開發商機，不負責完成交易，不處理自來商機，不為行銷而邀請潛在客戶參加活動，只針對陌生的客戶，用本書提到的技巧進行開發。這3位優秀的人才，讓事情進行得更順利、更有效率。

5. 他們找來有實際經驗的專家，而非自行摸索別人已經知道的事情。每一個步驟，他們都知道要做什麼、何時去做，不浪費任何時間或金錢。

6. 他們專注在大型交易和機會。Acquia訂立的平均向外開發交易金額較高，且獲得業務開發專員的同意；找到越大型的交易，創造的銷售額就越高。根據經驗，我們通常推薦公司針對前10〜20％的顧客群，計算其平均規模或交易金額，來評估向外開發時應該鎖定哪些交易和公司。

一些有用的工具

下列幾項工具有助於陌生電銷2.0，創造可預測營收的模板和流程：

- Salesforce.com。

- Yesware，用來讓整個業務團隊建立電子郵件範本並追蹤郵件動態。如果你用Salesforce.com來群發郵件，Tout是最適合的類似應用程式。

- Cirrus Insight，如果你同時使用Salesforce.com和Gmail，這個非常棒的應用程式就是必備品。

- 利用LinkedIn和SalesLoft來尋找潛在客戶，藉此建立清楚、乾淨的名單。

- 利用InsideView建立一般資料和電話號碼清單。

Chapter 3
實戰陌生電銷2.0

好，講了那麼多，具體上該怎麼做呢？
這不是鉅細靡遺的各步驟教學指南
（這樣的話，這本書將族繁不及備載），
但它會給你足夠方向，讓你能夠自行著手。

開始進行陌生電銷2.0

以下包含很多該如何自行開始陌生電銷2.0流程的特定細節與步驟。更詳細的內容和訓練影片，會包含在我們的產品與培訓課程中。

準備開始實行陌生電銷2.0之前，你應該要：

- 至少有1人完全專職負責開發客戶（或你打算要僱用這個人）。你確實可以從兼職開始，但在有人能全心全意投入之前，很難有顯著成果。

- 你有某種銷售系統，讓你的銷售團隊能分享和管理他們的銷售名單與業務。Salesforce.com仍是目前最好的系統（我得承認這個意見帶有偏心），但更重要的是，你得要有比Excel表格、白板和電子郵件更高階的東西。

- 你的潛在客戶使用電子郵件。

- 你有經過證實、已經創造營收的產品或服務。

● 「顧客的終身價值」超過一萬美元，越多越好。如果客戶的終身價值沒有那麼高，此流程也還是有效（特別你如果是個一人公司，想要親自來實施此方法），但僱用業務開發人員的成本，會讓你比較難獲利。

　　每筆生意都不同，事情能奏效的方法對每位業務員來說也不同，要親自實驗才能讓它為你起作用。我的目標是給你一套工具和些許指南，讓你能用來實驗，並針對你自身狀況改造。

　　記住：要抱持實驗的心態來運用這些工具，試出最適合你的方法。

最重要的第一步

　　如果你的目標是將業務部門變成一個銷售神器，最重要的第一步，就是讓客戶經理（就是專門負責成交的業務專員）專心處理他們最擅長的工作：應對在銷售週期內的活躍客戶並成交。

　　由業務開發專員這個不同的職位，專注在為業務專員創造新的合格商機。

　　第一步，是要安排一個專職向外開發業務的職位，不論是一個人或一個部門。這個職位不負責自來商機審核和成交工作。這真的很重要，本書不厭其煩提過很多次了：區隔化、區隔化、區隔化！

　　安排一個專職於開發新客戶的職位，可以確保外勤和／或電話銷售部門，有一個可預測、永續的合格商機來源；另安排一個負責市場回應的職位，審核來自於網站、電話或其他自來管道的商機。

將你四個核心業務團隊做出區隔

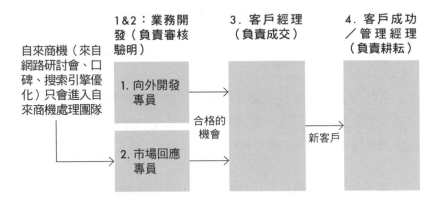

業務開發專員的職責

業務開發專員負責開發陌生或不再與你往來的公司，也就是拉到新的、額外增加的業務機會，再將其傳給有業績配額責任的業務專員。

在過去，這個部門的工作可能是打推銷電話，但現在已有更高效的客戶開發做法。根據現場和電銷專員的責任地區，來配對業務開發代表；他們能否和其他業務團隊同仁建立良好關係，是非常重要的關鍵。

通常1位業務開發專員能夠支援最多2～5位有業績目標的業務專員。如果單筆交易金額龐大，業務專員與開發專員的比例，甚至可能在1：1或2：1的狀況下，仍維持非常亮眼的營收。

順道一提，雖然增加一個專職業務開發的部門，能夠大量提昇向外開發的成效，但我並不是在說，有業績目標的業務專員不應該創造任何新的商機，絕對不是如此！

然而，業務專員的確不應花時間做陌生電銷。他們應該專注於高潛力的業務來源：一個簡短、值得與對方建立關係的目標客戶名單，可能是現有的顧客，也可能是他們過去曾往來但未能成交的銷售機會。

市場回應專員的職責

市場回應專員負責審核來自網站或電話（通常是因網路搜尋、口耳相傳或行銷專案所來）的自來商機，然後將合格的商機傳給有業績目標且人選適當的業務專員。

根據我們的經驗，當每個月出現400個以上需要人員關注的商機時，公司就需要增聘一位市場回應專員。

將不符合條件的顧客從銷售管線中早一些移除，市場回應部門因而能決定業務專員應追蹤哪些客戶，如此外勤和電話業務專員的成交率便能增加，因為他們只將時間花在那些經審核、確認合格的商機上。

為何業務開發和市場回應部門
應該分開？

有大量自來商機的公司，需要一個專司市場回應的部門。分離市場回應與業務開發，兩組人馬能更專注、更有效率。

這兩種角色非常不同：市場回應專員是在接到自來商機之後開始審核，向外開發專員的職責則是主動向外打電話和寄電子郵件。對專員來說，一天當中要在兩個模式之間不停轉換，實在非常困難。

讓市場回應專員變成審核自來與行銷專案所帶來之商機的高效專家，業務開發部門則專司開發、追蹤那些本來不存在或不活躍的業務機會，好讓業務遞增。

Salesforce.com的親身教訓

Salesforce.com在2004年學到這個教訓。原本我們將業務開發分為自來與向外兩組，後來合併成一組，同時執行自來與向外的開發工作。

一週之內，生產力掉了30％。三週之後，大家明顯看出生產力下降的原因是將兩種職責混合，而且不會隨著時間改善。公司很快將職責分離，恢復成業務開發與市場回應兩組架構，生產力也恢復到原來水準。

這種專職的做法，正是使業績大幅超越的關鍵。2008年一整年，Salesforce.com的陌生電銷2.0部門（企業業務代表部門）為公司創造了1億美元的可重複年度營收。年復一年，此職位的投資報酬率達到了每人3000％。

選擇一個銷售自動化系統

說到銷售自動化系統，可能你只聽過Salesforce.com，或許你連聽都沒聽過！

我在Salesforce.com工作了4年，後來又為數十家公司諮詢過，我與顧客們討論過各種不同的系統，你能想像到的全都包了。雖然離完美還差得遠，截至2011年，Salesforce.com仍然是市面上最佳的銷售自動化系統。為何它有超過100萬的使用者，為何它能每年創造超過10億的營收，其來有自。

如果不用Salesforce.com，我的業務團隊絕無可能創造這樣的成效和生產力，它也讓我們能有更多高品質的工作成果。

說了這麼多，不管你選用哪一個系統，最重要的是，你一定要用它。如果你無法從中獲益，謹記系統只是一項工具，問題很有可能是來自於使用者，而非工具本身。如果你是執行長，要記得人們都會以你馬首是瞻。你越投入你的系統，就會有越多人使用它。

可預測性的來源：陌生電銷2.0漏斗

可預測營收的來源是：創造可預測商機。

對銷售高價值商品或服務的公司來說，最容易預測的商機來源（不論是否為最大的來源），可以是向外業務開發。

下圖是將客戶開發步驟分階段說明的漏斗範例。

陌生電銷2.0漏斗

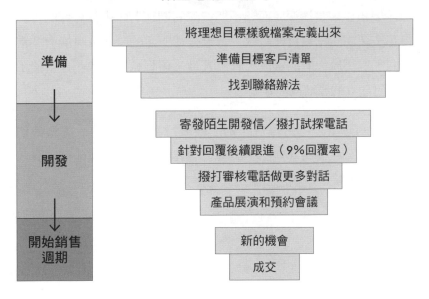

準備
→
開發
→
開始銷售週期

將理想目標樣貌檔案定義出來
準備目標客戶清單
找到聯絡辦法

寄發陌生開發信／撥打試探電話
針對回覆後續跟進（9%回覆率）
撥打審核電話做更多對話
產品展演和預約會議

新的機會
成交

如你所見，假使你透過實驗銷售流程、人員與活動，找出如何讓可預測且新合格商機持續流入的方法，加上穩定的成交率，你就可以開始創造高度可預測的營收與主動成長。

營收可預測性＝漏斗＋平均交易金額大小＋時間

除了漏斗中的活動和結果，你也必須知道要花多久時間，才能得到更多的可預測性。

時間因素1：讓新專員上軌道

要根據現實情況（而非不切實際的期待），來計算你的專員得花多久才能出現良好績效。每家公司所需的時間，可能會非常不同，取決於你的商機流、聘用人員、培訓結果、他們是否接手一個已建立的領域或從零開始。

我的建議是：新專員開始上線執行銷售工作前，先讓他們參加培訓，在公司其他部門體驗、與客戶互動，這使他們更有效率，成長更快。這就是所謂的「先蹲後跳」！

時間因素2：開發與銷售週期長度

一位開發專員要花多久時間找到一個合格商機？那些機會要花多久時間成交？小規模交易比大規模交易快嗎？對你來說，有哪些是不完美但有幫助的經驗？

開發週期長度的定義，為測量此兩動作之間的時間：（a）當潛在客戶回應一個專案活動，到（b）當有品質的機會被創造或是被審查為合格，這意味著有業績責任的業務專員，已經重新審核且接受了開發專員傳遞下來的這個商機。

附帶一提，從最初回應到新商機審核通過，我的經驗平均是2～4週。

至於銷售週期長度，我喜觀這樣測量：從（a）當有品質的機會被創造或是被審查為合格，到（b）交易完成，此兩動作之間的時間。

如果測量有困難，坐下來跟你的專員討論15分鐘，談談最近10個完成的交易，大約抓個週期長度。

可預測性的實例

使用實際數字,讓我們假設:

- 1名新的業務開發專員,花2個月的時間開始產生新商機。
- 每位專員每月產生10個新的合格商機。
- 交易規模為10萬美元。

此例中,2個月之後,一位向外開發專員每個月將會在銷售管線內,產生價值100萬美元的新合格商機。如果:

- 業務專員的贏單率(win rate)為20%。
- 平均銷售週期為6個月。

也就是說,每位新開發專員與有業績目標的業務專員一起合作,從聘用日當天起算,8個月之後真正開始穩定產生新營收,每個月將會新增20萬美元;也就是在他們達到最佳商機產能的6個月之後。

在這個凡事講求速食解法的世界,8個月會很久嗎?如果你在8個月之前,就組成這個團隊或著手執行此流程,你不會愛上此刻所產生的營收嗎?

這個銷售神器一旦開始運作就會穩定運轉,可預測的新商機來源會持續產生營收。

陌生電銷2.0運作流程

以下是針對業務開發專員全職進行陌生電銷2.0的流程綜覽，他們會將銷售機會傳遞給有業績責任的業務專員。

如果你是一位業務專員，只能偶爾做開發，那請你根據開發結果調整目標（例如，只發送一半的向外開發電子郵件），而且顯然你不適用最後一個步驟（交棒）。

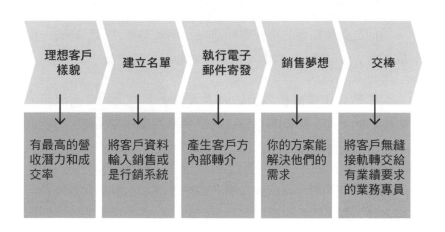

理想客戶樣貌	建立名單	執行電子郵件寄發	銷售夢想	交棒
有最高的營收潛力和成交率	將客戶資料輸入銷售或是行銷系統	產生客戶方內部轉介	你的方案能解決他們的需求	將客戶無縫接軌轉交給有業績要求的業務專員

第一步：釐清你的理想顧客樣貌

要讓這個流程發揮最大效用，最簡單也最重要的是，要花時間釐清誰是你的理想客戶——包括客戶類型，以及他們的聯絡人類型。

大多數公司打從第一步就做錯了，包括：挑選到錯誤的潛在目標客戶，從錯誤的職位開始接洽、追蹤的公司類型太繁雜，或者互動時沒有使用「他們的語言」。

第二步：建立你的名單

如何為上述類型的潛在客戶建立一個資料庫？你已經有一份名單了嗎？你可以買一份嗎？或者你需要從頭建立起？

大多數公司接觸和銷售的層級太低。名單上同時有決策者（或他們的上司）和低階的僱員嗎？名單的精準度如何，是否混雜了不相關的公司或人員？

請抗拒在名單上隨機加入潛在客戶的誘惑。就算你有他們的聯絡方式，對不適合的潛在客戶做行銷，會產生機會成本。回應不符合理想客戶樣貌的顧客，最後只會浪費你的時間，並讓資料庫充滿無用資訊。

第三步：向外寄發電子郵件

很多公司太依賴陌生電銷，不要犯下這種錯誤。電話技巧很重要，但請在開發客戶的第二步再使用。先寄發電子郵件，再用電話追蹤那些回應的人。就算是針對高職位的潛在客戶寄發，使用簡單的電子郵件範本，能讓你獲得8～12％或更高的回應率。

群發向外開發電郵或語音郵件，給符合你理想顧客樣貌的潛在客戶。這些電子郵件的外觀，應該要像是由銷售人員針對單一客戶撰寫的客製化郵件。它們應該是純文字郵件，而非使用花稍的HTML格式，不過你可以使用看起來像純文字的HTML模板。

與其一下子群發幾百封郵件，我建議業務開發專員每天固定寄發少量郵件（50～100封），每週挑幾天重複此一活動。這個階段的主要目標，是每天得到5～10封新回應；專員每天頂多能處理這樣數量的回信，再多的話，他們可能就會犯錯了。

第四步：銷售夢想

設法從回信與轉介，聯繫上適當的管理階層，接著開始「銷售夢想」：幫助他們勾勒出一個願景，確定什麼樣的解決方法能解決他們的問題，然後將你的方案，與他們的關鍵商業問題和夢想連結。

不要把在前線奮戰的業務員，當成是一個只負責預約會面的機器；別讓他們預約了各種會議，到頭來潛在客戶卻沒出現。你的向外開發專員接受的訓練，是不是老套的推銷腳本、強迫安排產品演示，一心只想硬推銷產品？或者他們能夠與潛在客戶創造一個願景，開始建立信任、信用、友好默契等關係？

第五步：交棒（適用於專職的業務開發專員）

如果你讓有業績目標的業務專員來執行開發，這就犯了一個致命的錯誤。如果你非常想要得到好結果，你必須要有一個全力投入向外開發的團隊，讓他們創造新的合格商機，然後傳給負責成交的業務專員。這個過程其實是有一套科學性的做法，確保產生一致和高品質的結果，包括關係的轉移。

關鍵在於，要有一個簡單和清楚的流程，讓商機能順利地從全力投入的開發專員手中，傳給有業績目標的業務專員。不要讓任何人掉棒！

接下來，我要分享一個陌生電銷2.0開發漏斗的案例，詳述每個步驟的細節。

第一步：釐清你的理想顧客樣貌

如果要從行銷和銷售得到更好的結果，你認為什麼是你一定要做的？答案是，弄清楚你的理想客戶樣貌（Ideal Customer Profile, ICP），包括如何形容他們，以及他們的核心挑戰為何。在你搞清楚之前，你會需要修改很多次，這不是一次就能完成的工作。

以下是理想客戶樣貌如何幫助最大化銷售和行銷結果的理由，兩者都讓我們的銷售週期加速和贏單率提高：

● 透過明智地鎖定目標，讓搜尋優質潛在客戶變得較容易。
● 更快速地篩除不合條件的潛在客戶。

贏得客戶的機率

上頁的圖形是單純為了做說明而繪製,用來描繪理想客戶樣貌的總集,其中同時包括正向和危險的信號。你會需要從頭重寫,包括增加或減少不同類型的條件。理想中,你認定理想客戶所具備的條件,應該要用一頁紙就描述完畢。

這樣設計是為了保持簡潔:當我們聘用一個新僱員時,要如何盡快培訓他們應該爭取或是避免與哪種類型的公司合作?

聰明地鎖定目標

你其實不需要像下表列出這麼多條件,就算只挑選3～5個關鍵條件,就有助於釐清客戶樣貌。事實上,列出少一點、優質一些的條件,會讓你更能從此練習中受益。

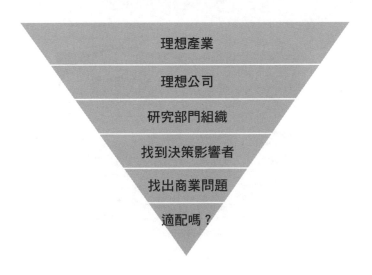

◎理想客戶條件表

我們要的條件	為什麼
員工數25～250人	顧客的公司規模必須夠大，才會需要使用我們的服務。然而，如果規模太大，他們會傾向於在內部僱用全職員工。
產業	針對媒體、科技與商業服務產業銷售時，我們的表現最出色。
銷售模式	他們有一個直接的銷售組織，至少三名業務專員和一名業務經理。
每月花費超過「多少美元」在「哪個部門」	這個部門對他們來說很重要，而且他們負擔得起我們的服務。
財務狀況	成長中或有收益的公司，是我們最好的長期客戶。營運困難的公司到最後通常會變成有問題的客戶。
沒有適合的廣告代理	如果他們已有廣告代理，就不會跟我們合作，除非他們正想換掉廣告代理。
價值及人員特性	與我們合作的人員聰明、誠實、負責、能合作、尊重人。我們最好的長期顧客，都是跟我們意氣相投、視之為友的人。
沒有內部人員	如果公司內部已經有人員全職做「哪一種」工作，他們就會認為不需要購買我們的產品。

危險信號和讓交易破局的條件

在銷售流程中，你應該盡早尋找出某些信號或跡象，以便預警你與客戶彼此合作是否最終會浪費時間。以下是一些危險信號的例子：

● 他們不久前才安置了某種「哪一種」系統。

● 他們已有一家代理／提供服務的公司，或是已有全職內部人員全心投入「哪一種」工作。

● 他們僱用顧問或代理公司，來做「哪一種」工作。

● 他們自認為無所不知。也就是說，「我們知道我們在做什麼。」

● 地理位置不符。

● 關於「哪一種」業務的每月預算只有「多少元」以下。

● 我們似乎在「哪一些」產業似乎從未順利銷售。

● 此領域對他們來說是嶄新的業務，還不夠瞭解。其中隱含的意義是，在客戶瞭解你的服務價值之前，光是教導他們，就會花你很多力氣。

理想的聯絡人

你應該也要將此項法則應用在與你合作的買家和有影響力者，還有那些已經是買家的人身上。

「我們的理想聯絡人，是新上任的業務副總（少於90天），正在尋找達成目標的方法。他們著重流程，直屬上司是執行長或事業部總裁，且喜愛數據和報告。他們面臨的挑戰，包括難以向執行長提供正確的報告，因為銷售系統或其中的數據有問題⋯⋯」

他們的核心挑戰

弄清理想顧客樣貌的最後一步，是瞭解這家公司的核心挑戰，以及有哪些人牽涉到購買流程？

只要開口問，你就可以輕鬆獲得訊息！不論用電話或線上市調工具（如SurveyMonkey），問潛在客戶和現有客戶此類問題：

- 你最大的挑戰為何？
- 什麼事讓你夜晚難以入眠？
- 你主要對什麼事感到不滿意？
- 你最害怕的事為何？
- 對你來說最重要的事為何？
- 你將錢花在何處？
- 你真正想要的是什麼？

定期更新檢視

最後，你可以有多種類型的「理想顧客」，或許也會出現「理想策略夥伴」。將客戶樣貌限定在1～5個類型，如果你還是覺得不夠用，那你的行銷策略可能有問題，必須要更加收攏、聚焦關鍵。

第二步：建立你的清單

許多書籍和線上資源都有教導如何建立行銷清單，不過這個議題超過本書範圍了。然而，如果你不確定從何著手，這裡會為你指出正確方向。

不同的生意，適用於不同商機和聯絡名單的提供商。目標為《財星》的五千大公司嗎？試試OneSource。目標是小型公司嗎？那就別用OneSource，選InfoUSA（它是其中一種選擇）。Jigsaw（現在為Data.com，為Salesforce.com所有）或許是一般用途的聯絡人電子郵件資料的最佳來源。

如果個別業務專員或行銷主管所銷售的對象，是擁有超過幾百名員工的公司，那我們推薦使用下列熱門的服務，這些應用大多也已整合在Salesforce.com，或是其他的銷售系統軟體：

● Data.com
● OneSource
● Hoovers
● InsideView
● ZoomInfo
● LeadGeni.us
● Carb.io
● SalesLoft
● Datanyze

如果我們銷售的對象是特別的市場呢？

如果此處列出的服務不能滿足你的需求呢？令人驚奇的是，許多外國公司都能幫你建立各種清單與數據，雖然你可能必須接受品質欠佳的事實。Elance.com是非常好的資源，你可以在這裡發案，讓海外供應商競標。

由布萊恩・凱洛（Brian Carroll）撰寫的部落格文章，也有助於你思考如何建立清單。請至www.b2bleadblog.com查閱。

第三步：向外寄發電子郵件

　　向外開發專員接觸潛在客戶時，所使用的主要工具是群發電子郵件。首先，對目標公司發送電子郵件，以得到內部適當聯絡人的引薦，然後再用電話追蹤回信者和引薦窗口。

　　理想中，專員是使用銷售自動化系統（如Salesforce.com）或經由與你銷售自動化系統整合的行銷自動化系統，來發送大批電子郵件。專員每天應該寄送50～100封群發電郵，以每天收到5～10個回應為目標（大約是10%的回應率）。

　　「有目標」的群發電郵，聽起來像是矛盾的說法。實際上，我們是根據特定種類的業務，或你想要接觸的聯絡人，小心篩選你的清單，來鎖定要寄送電郵的目標。篩選的範例包括：

1. 垂直領域（零售、財務、高科技等）
2. 營收
3. 地理位置／區域
4. 員工數量
5. 商業模式（B2B、B2C，代理商）
6. 與聯絡人最後互動的日期
7. 與客戶最後互動的日期

8. 聯絡人職稱（執行長、行銷主管等）

9. 你想追蹤的其他任何條件

　　即便你的資料庫收納了成千上萬個聯絡人，業務開發專員還是能夠將整個潛在客戶資源劃分成較小的群組，再分別用高度契合的訊息來聯絡他們。

撰寫屬於自己的電子郵件範本

　　雖然我會與客戶分享電子郵件範本，但在本書內不這麼做，因為：

1. 當你套用其他人的範本時，你無法傳達你公司的真正聲音。

2. 如果每個人都用相同的範本，它很可能會失去效用。

　　以下指南說明如何撰寫屬於自己的電子郵件範本，這是寫給陌生潛在客戶、進行初步對話的基本原則。後續一旦開始溝通，可以用長一點、內容多一點的電子郵件，但起初應該要：

● 郵件外觀應該要像是由銷售人員針對單一客戶而撰寫的客製化郵件。

● 應該是純文字郵件，不要使用花稍的HTML格式。

● 簡單、清楚地陳述你為何要主動接觸他們。

- 內容盡量簡單易讀，容易以手機回覆。
- 提出可信度，例如列舉目前的顧客。
- 只問一個簡單易答的問題，如詢問轉介的窗口。

特別注意，所有的訊息皆需誠實，不論你是以電話或電子郵件形式發送。

我曾看過業務員用了一個把戲，將寄給新聯絡人的郵件標題設為「回覆：」，看起來好像是他們回覆給潛在客戶的郵件。你真的想要以謊言開始一段關係嗎？如果你是執行長或業務經理，不要鼓勵任何會傷害道德原則的方法。

錯誤寫法的範例

信件標題：想改進第二季的銷售成效嗎？

查克你好：

你持續地感受到預測正確營收的挑戰嗎？

你知道誰是你最佳業務專員，以及是什麼使他們成功嗎？

你知道哪些行銷活動能讓交易成交嗎？

你知道銷售管線中有一些大案子，但你能夠輕鬆、即時地報告它們的狀態和細節嗎？

這聽起來很熟悉嗎？其他公司面臨跟你一樣的挑戰。Salesforce.com已經在許多全球知名品牌、具領導地位的公司證實有效，如Adobe Systems、AOL Time Warner Communications、Putnam Lovell、Dow Jones Newswires、Berlitz Global Net、Siemens、Microstrategy以及Autodesk，以上僅是列舉數例。

Salesforce.com是一個以網路為主、能快速上手且容易使用的客戶資源管理服務。業務部門用它將聯絡人、客戶及其以往活動做集中和報告，也同時追蹤其業務表現。行銷部門則能夠簡單地度量個別專案的投資報酬率。Salesforce.com讓客製化報告變得非常簡單，且能透明化呈現銷售部門和個別業務員的表現，讓你能更妥善地掌握業務。

我們能安排20分鐘來討論這些內容嗎？或者，你公司有其他比較恰當的聯絡人？

誠摯的問候，亞倫·羅斯

這封郵件太長，不夠個人化，在手機上不易閱讀，銷售味道太濃，而且說白了非常無聊。回應率：0%。

寄發郵件

以每週150～250封向外開發電子郵件開始，連續3～4天。再次強調，你的目標是每天收到平均5～10封回應，因為一旦超過，後續追蹤的品質就會下降。我們客戶犯的最大錯誤之一，就是每天寄發太多郵件。

在早上九點以前和下午五點以後發信，且避免在星期一和星期五，但星期日不要緊。

如果你用電子郵件，可以期待7～9％以上的回應率（排除被退回的郵件）。這個比率包括所有回應，如正面、負面與中立。大多新建立或購買而來的名單，會有20～30％的退信率，將這些郵件排除在回應率計算裡。所以，如果你發送150封郵件，收到10封回覆，50封被退回，你的回應率為10％（10封回覆除以100封有效郵件）。

針對收到回覆的郵件，有條不紊地處理至關緊要！千萬別疏漏掉任何郵件，要記錄歸檔、保持條理。建議你製作一些標準郵件樣板，應用在你最常使用的回應郵件中。

不要無視退回郵件。出現無效郵件時，就從資料庫內清除它們，否則隨時間過去，它們會塞爆且阻擋你的視線。

　　學著愛上「我目前不在辦公室」的回應。那種郵件會有名字和聯絡人資料，可提供你更多的接洽目標，像是能找到那種可指引你公司中合適聯繫人的執行助理！

得到回應之後

　　首先，務必將每一封回應登錄至Salesforce.com（或你的銷售自動化系統）；有需要就更新聯絡人。一旦開始大量開發，每個月寄發上百封郵件時，很容易忽略重要的回覆信件。

　　每次寄出大批郵件之後的下一步目標，應該是努力與潛在客戶達成下一步驟——要從以下兩者選一，而非兩者皆然：

- 請教對某項業務來說，誰是最好的聯絡窗口？（獲得轉介）

- 或者詢問對方最適當談話的時間，好讓我們簡單地互相討論？（安排與潛在顧客交流）

　　針對第一項「獲得轉介」，目標是確認到最適合進行初步交流的聯絡人，並且獲得轉介。然後，你可以直接寄電郵給這位被轉介的新聯絡人，同時提及（或寄信件副本）是哪位人士轉介。這是為了向這位新聯絡人顯示，你並不是在陌生推銷，你已經跟他的團隊中某個人互動過。內部轉介通常最有可能收到回覆。

針對第二項「安排電話談話」，目標是安排一個簡短的談話，看看你的公司與潛在客戶的公司之間契合度如何。這通電話的重點，應該完全放在他們的業務，而非你的業務。你應該引導對話，提出開放性的問題，鼓勵他們談論他們的業務，而非你的業務。

如果開發或審核電話裡，30%的時間都是你在說話，代表你需要問更多的問題，或閉嘴讓對方說話。

如果對方回應「沒有興趣」，找出原因。記住，除非是執行長或理想決策者說「不」，否則沒有太大意義。就算最終決策者說了不，你也應該找出原因，來決定你是否能處理這個拒絕。潛在客戶常常誤解你的業務或你所提供的價值，出於困惑而拒絕。

處理未回應的聯絡人

如果有人沒回應你的電子郵件，不代表那個客戶沒有潛力。利用Salesforce.com或其他系統群發電郵，其追蹤「郵件被開啟」的功能，可以讓你追蹤哪位潛在客戶開啟了你的郵件、多常開啟，或他們將你的郵件轉寄給多少人。下圖是一個實例：

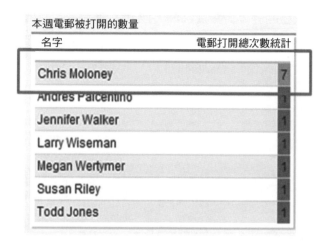

與其漫無頭緒地打給潛在客戶，現在你有一份有優先順序的參考名單。

每隔幾個小時檢視一下這些報告。如果有人打開你的郵件超過一次，打給他們。若郵件開啟率高，他們有可能已經轉寄給一些人。

「過去的機會」專案範例

一個同時可以培訓新任業務人員與創造銷售機會的好方法，是重新接觸過往未成功銷售、且已經超過6個月以上沒有互動紀錄的客戶。

一旦業務開發專員接受訓練，已熟悉與過去的商機互動，那麼跟完全陌生的客戶接觸時，就會比較容易上手。叫他們打給沒有互動過的主管之前，先訓練他們！

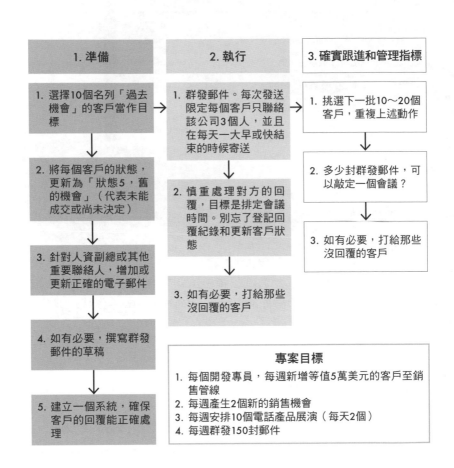

1. 準備	2. 執行	3. 確實跟進和管理指標
1. 選擇10個名列「過去機會」的客戶當作目標	1. 群發郵件。每次發送限定每個客戶只聯絡該公司3個人，並且在每天一大早或快結束的時候寄送	1. 挑選下一批10～20個客戶，重複上述動作
2. 將每個客戶的狀態，更新為「狀態5，舊的機會」（代表未能成交或尚未決定）	2. 慎重處理對方的回覆，目標是排定會議時間。別忘了登記回覆紀錄和更新客戶狀態	2. 多少封群發郵件，可以敲定一個會議？
3. 針對人資副總或其他重要聯絡人，增加或更新正確的電子郵件	3. 如有必要，打給那些沒回覆的客戶	3. 如有必要，打給那些沒回覆的客戶
4. 如有必要，撰寫群發郵件的草稿		
5. 建立一個系統，確保客戶的回覆能正確處理		

專案目標

1. 每個開發專員，每週新增等值5萬美元的客戶至銷售管線
2. 每週產生2個新的銷售機會
3. 每週安排10個電話產品展演（每天2個）
4. 每週群發150封郵件

遵循反垃圾郵件法，寄送未經同意的郵件

身為業務方，你可以根據新獲得的行銷名單，主動寄送未經對方同意的郵件。進行任何銷售或行銷活動時，如果你的發送對象並未選擇願意接收廣告郵件，你必須遵循某些規則，才不會違反「反垃圾郵件法」[2]。以下是3個核心指導原則：

● 標題（subject）和標頭（header）絕對不能誤導收件者。

● 電子郵件內一定要有一個有效實體地址。

● 一定要包含一個能讓對方選擇未來拒收此類郵件的方式。

法案詳情請參閱美國聯邦貿易委員會的網頁。

第四步：銷售夢想

現在你有一位業務開發專員已經與潛在客戶安排時間，準備做完整的初次對話。

---

[2]　編注：反垃圾郵件法（CAN-SPAM Act）為美國2003年通過的法案，是美國第一款明定廣告郵件寄送準則的國家級標準的法案。

假設你與一個業務契合度很高的潛在客戶談話,「銷售夢想」的目標不在於「銷售」,而是:(1)創造一個能解決潛在客戶問題的夢幻方案願景,然後(2)將你的產品與他們的關鍵商業議題和夢幻解決方案做連結。

與潛在顧客的任何交流都不要過於毛躁,要確認他們真的與你高度契合。你也可以提出較直率的問題,來質疑他們想解決問題的心態有多堅決,例如:

- 他們有興趣,但準備好要行動了嗎?
- 現在與你對話的人,真的有決定權或有影響力嗎?
- 他們是否真的對下一步有興趣?

向外開發專員不應該傳遞很多劣質、不會有結果的商機,最好是將數量少一點,但品質好一點的商機交棒給業務專員。記得要追蹤銷售自動化系統裡的所有資料。

當開發專員以電話聯繫潛在顧客,要找出雙方是否契合時,最大的挑戰是要將重點專注在潛在顧客的業務,而非銷售自家的生意。問客戶關於他們業務方面的開放式問題(例如營運結構為何),然後再問他們遇到的挑戰等等。

　　這一系列的問題範例，你可以自行調整，用於商機探詢的電話中。實際上，第一次對話時，開發專員也許只會問3～4個問題。以下問題具備一個粗略的順序，從較廣泛的業務問題開始，然後導向特定可用來審核契合度的問題：

● 你的某團隊／部門是怎麼組織架構？

● 今天你的某項工作流程為何？

● 這些部門使用哪種銷售和商機管理系統？

● 這個系統使用多長時間了？

● 你目前的挑戰是什麼？在每一個回覆之後，追問「還有沒有其他的？」

● 你在尋找別的方案了嗎？

● 你有沒有試過其他解決方案但失敗了？為什麼？

● 這件事需要優先處理嗎？在你的待解決事項清單上，哪件事情更緊迫？

● 對你來說，一個理想解決方案看起來像什麼？

● 你如何進行決策流程？

- 你為何購買舊有的系統？是誰決定購買？

- 在今年（接下來6個月）實行一個專案的可能性有多高？

- 為何現在進行？或者，為何要等到晚一點再做？

更多打第一通電話的訣竅

- **主要目標**：促使他們談論他們自家的業務，然後仔細聽！

- **與「長」字輩主管對話前，先打給較低階的員工**：打給該公司相關員工，找出該公司如何運作，目前的挑戰（在Salesforce.com，我們打給個別業務專員來試圖找出這些資訊）。

- **試著直搗黃龍（但有禮）**：談了一會兒，如果他們的痛點不夠明顯，直接詢問他們是否有哪裡感到苦惱。例如，「現在有哪項業務會讓你感到困擾？有什麼事情沒有按照理想狀況運作？」

- **持續問，直到得到答案**：持續挖掘他們所面臨的挑戰，直到每個痛點都揭露出來。

- **詢問是否能轉介**：請教對方其他部門或團隊，是否還有你應該聯繫的對象？

- **即刻安排下一步**：用電子郵件安排時間非常浪費時間。當你還在電話線上，就預約好下一次談話或實行下一個步驟的時間。

記住，實驗和測試這些問題和做法，找出哪些適合你的員工和業務。你會需要客製化、微調、測試，才能找出可重複獲得最佳結果的方式。

打造冠軍

如果潛在顧客有興趣但尚未準備好，或者他們需要說服團隊內更多人，那就把你的心力集中在「將你的聯絡人培養成一位能幫你在該公司執行銷售動作的冠軍」。

這比你想的簡單：專注在那些能讓這位聯絡人成功的事情（而非什麼能讓你成功），然後問他們，你可以如何提供支援。給他們所需要的資源，包括時間；適時表達關心，但不要纏著他們；建立信任、保持禮貌、堅持不懈。

你目前是在這裡播種，所以會需要時間讓種子發芽和開花。持續「澆水」（給他們愛與關注），對他們要有耐心！

第五步：交棒（機會何時合格？）

　　每個客戶都會問我：「你如何定義合格的機會？」亦即，內勤的業務開發專員（SDR）應該將什麼樣的商機釋出給業務專員（AE），然後業務開發專員能夠因此得到獎金。

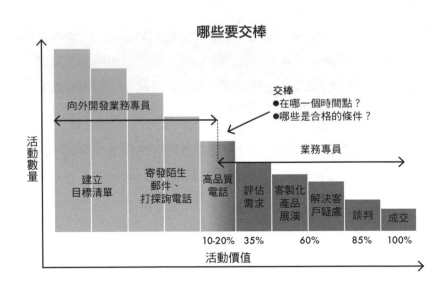

哪些要交棒

　　下面介紹的流程，只適用於向外開發部門。對於從網站而來的商機（自來商機），Salesforce.com有不同的審核條件，且由一個完全不同的市場回應部門處理。

　　經多次實驗之後，下列簡單的指導原則，最合適我們用來產生向外商機。

基本原則

　　除了審核客戶符合我們訂出的條件，業務開發專員若要因為找到新銷售機會而取得相應報酬，他們找到的機會，必須滿足以下標準：

- 這個客戶至少要有20名以上的可能用戶，以確保開發專員尋找規模夠大的機會。

- 沒有主要的「危險信號」，也沒有會導致交易破局的因素。

- 該業務開發專員確實在開發商機，沒有從自來商機部門或其他業務開發專員那裡偷客戶。

你一定要明訂清楚的指南和規則，讓業務開發專員遵循，確保他們去開發高品質、值得公司投入時間的商機。一個太常犯的錯誤，是因為有「把商機引進就行了！」的壓力，於是開發專員沒有摒除小規模、利潤不夠的交易。小規模交易有機會成本，他們浪費掉本來可以花在尋找大客戶的時間和資源。

何時業務開發專員應將機會釋出給業務專員

基本上，當業務開發專員覺得這個機會值得業務專員花時間追蹤，而且業務專員也想要跟進此交易時，他們就交棒。有3個可遵循的指導原則：

1. 此公司符合我們的理想顧客樣貌嗎？

2. 我們交流的對象有影響力或權力嗎？

3. 對方對於下一步有明確的興趣嗎？通常是以對方願意與業務專員通電話，以便進行評估或探詢的方式呈現。

銷售機會已被創造出來，且交棒給業務專員，但此時仍然屬於「第一階段：新潛在顧客」的機會。即便是交棒給業務專員，這個機會的狀態尚未升級，因此業務開發專員還不能獲得獎金，必須等到業務專員再次進行審核、確認其合格。

至於機會要如何無縫交棒呢？

最理想的方式是，馬上將商機轉移給業務專員。

還過得去的方式是，與業務專員安排一個時間，給新商機客戶打探詢電話。

最不得已的方式是，寄一封電子郵件介紹信，將副本同時抄送給業務專員和新商機客戶，並付上雙方的聯絡資訊。

當然，業務開發專員需要在銷售自動化系統（如Salesforce.com）記錄這些資料，然後為所配合的業務專員加入新任務和行事曆項目。

開發專員在業務專員再次審核「之後」才獲得獎金

新商機要等到業務專員打過電話、再次審核之後才「升級」。這個步驟尚未完成前，先不要給業務開發專員獎金，這對品管來說攸關緊要！

業務專員與潛在顧客通電話，覺得對方的條件符合基本審核標準（我們能解決他們的問題嗎？我們接觸的是決策者嗎？他們要進行下一步嗎？）之後，才可以將這個銷售機會升級到「第二階段：合格」。

這時候，業務開發專員便可以得到嘉許和對應的獎金。

運用稽核流程

稽核需要一點額外的時間，但有位經理或由公司老闆負責審查每一個向外商機，絕對物超所值，能夠確保獲得高品質和公正的成果。

一旦銷售機會升級了，便檢查下列項目：

● 它真的是因為開發而產生的向外機會，而不是來自你網站的自來商機嗎？

● 業務專員有打電話再次審核嗎？有時業務專員會在再次審核之前，就「幫業務開發專員一個忙」將其升級，這是一大禁忌。

● 業務開發專員和業務專員是否將資料輸入你的銷售自動化系統裡？ 如果不存在於你的系統，那它視同於不存在，專員也不能得到相應報酬。

過去在Salesforce.com時，即使花了一些額外的時間和精力嚴格稽核流程，卻可帶來清楚且牢靠的好處。

當我向上級〔包括執行長馬克・貝尼歐夫（Marc Benioff）〕報告時，我完全信賴這份數據的公正性。我有紮實的部門投資報酬率證明。

稽核流程迫使業務開發專員提昇工作品質，減少違規的誘惑，譬如從自來商機回應部門那裡竊取商機。

稽核流程能為部門內部創造信任感，確保每個人的結果公平公正，沒有人作弊。

不使用制式腳本，改進電話銷售成效

照本宣科的制式電話腳本，在電話行銷與銷售業中已成為一個經典工具，但主管階層和業務人員對一成不變的問題早已經熟稔。我們用2個簡單但有效的方法，來規劃與執行電話銷售：AAA電話銷售規劃，以及電話銷售流程。

AAA電話銷售規劃

一位業務員只要花5分鐘，就能針對這項電話銷售，快速建立一份打電話之目的清單：

- 你想要從此通電話得到什麼樣的答案（Answer）？
- 你希望潛在顧客感受到什麼樣的態度（Attitude）？
- 通話結束後應該發生哪些動作（Action）？

電話銷售流程

提問的順序（對話走向如何流動），會導致通話的舒適度與成效產生巨大差異。首先，我們要顛覆傳統的經典銷售電話方法，也就是業務員不該利用通話的前30秒，大聲喊出會引起潛在顧客興趣的台詞。因為，在通電話之前，我們已經先由電子郵件或轉介交流過了。

因此，即便業務員確實想要開始解釋他們打來的理由、他們是誰、代表哪一家公司，這並非是一串老套的「陌生電銷台詞」。

業務員應該在整通電話的前半段，用無威脅性、像在進行研究調查的口吻，來瞭解潛在顧客的業務和需要。當他們已經瞭解了潛在顧客的實際需要之後，再將他們自身的服務與價值，於對話的最後階段中提出。這代表他們是將解決方案搭配上潛在顧客的獨特需要，而非一股腦地將很多讓人分心、與潛在客戶無關且不會重視的資訊和特色塞過去。

以下是一個典型的審核電話撥打流程：

1. 開頭和介紹（「請問您現在方便通話嗎？」）。
2. 討論潛在顧客當下的業務情況（出於真誠的好奇）。
3. 探詢潛在顧客的需要（並確認你真正瞭解他們的需要）。

4. 提出解決方案，以滿足那些特定需求。

5. 面對拒絕。

6. 下一步。

　　不必使用花稍的台詞，也能幫助業務員有效率地完成銷售電話。花稍台詞在培訓時可能很有幫助，但不要讓專員過於依賴這些台詞，反而導致無法傳達他們真實的聲音。

　　運用角色扮演練習和少一點的台詞，指導業務員瞭解如何站在對方角度思考，進行較自然的對話。

如何進行語音留言

　　既然電子郵件是今日人們主要的溝通方式，與其期待人們打電話回應你，何不使用語音留言來增加電子郵件的回應率？當你鎖定大公司為目標時更是如此，因為小公司的員工更傾向回撥語音留言。

　　留言的時候，要像是在留言給你的朋友或家人，語氣溫暖、不引起戒心；不要有推銷氣息，也不要聽起來像個傻瓜或太「公司化」（缺乏人味）。你應該要：

● 在開始和結尾都報上名字和電話。如果他們重聽留言，不用聽完整段留言，就能找到你的電話。

- 速度放慢、咬字清楚。記住,有時電話留言很難懂,特別當對方用手機留言。

- 用一或兩句話解釋你為何打來,至少提出一個理由,暗示為何他們應該回應與如何回應:「我回覆你寄來的電子郵件」、「我看到你瀏覽我們的網站」、「我希望你能對我寄發的電郵做個禮貌性回覆」⋯⋯

- 至少提他們的名字2次以建立良好關係,因為人們喜愛聽到自己的名字。

如果你尚未寄電子郵件給對方,語音留言之後馬上寄一封過去,讓他們有超過一種的回應方式。

- **留言範例1**:「嗨,約翰,我是Salesforce.com的亞倫・羅斯。我的電話是555-555-5555。約翰,幾天前我寄了一封電子郵件給你,但還沒有收到回覆,希望你能給我一個簡短的禮貌性回覆。過幾分鐘我會再寄一次。複述一次,我是亞倫・羅斯,電話是555-555-5555。謝謝你,祝你今天一切順利。」

- **留言範例2**:「嗨,約翰,我是Salesforce.com的亞倫・羅斯。我的電話是555-555-5555。約翰,我打來跟進一封之前寄給你的郵件,不論你是否能幫我,我都希望接到你的電話或電郵回覆。複述一次,我是亞倫・羅斯,電話是555-555-5555。謝謝你,祝你今天一切順利。」

● **留言範例3（神祕版）**：「嗨，約翰，這是亞倫・羅斯的跟進電話。我的電話是555-555-5555，今天下午三點之後可聯繫到我。複述一次，我是亞倫・羅斯，電話是555-555-5555。謝謝，祝你今天一切順利。」

最後一則留言有可能得到最高的回覆率，因為它很神祕，但我不是這種留言法的擁護者，因為對方可能以為有什麼大事，回電後卻發現「噢，是業務員」，然後心中很不是滋味。我建議只對已聯繫過的人用此類留言，他們能夠或應該認出你的名字。

語音留言結合電子郵件可獲得奇效。當人們真的直接回電時，他們常常會說這樣的話：「我本來沒想回電，但你真的很堅持……」或是「謝謝你留言提醒我，我本來就打算要回電……」。

語音留言也讓他們有機會聽到你的聲音，有助於他們確認你是真實存在的人。這正是不要用老套腳本台詞的理由——會變得太機械化，失去你聲音中人性的那一面。

讓潛在顧客於「客戶狀態」的 生產線移動

如果沒有一個可預測的銷售管線，你就無法創造可預測的營收，這代表需要方法測量和追蹤出銷售管線的客戶究竟是如何被創造出來。

一個有效、易於使用的銷售自動化或客戶資源管理系統，有助於我們套用「生產組裝線」這個簡單的概念，來作為一個「製造出銷售管線內客戶」的模型。這代表一個業務部門能夠以可測量、有持續性、可預測的方式，產生新的銷售機會。

就像在銷售流程中，你會用不同的階段來追蹤行動和流程，你也需要類似的不同階段，來規劃客戶開發流程。

同樣的，如果你能為不同階段的潛在顧客，建立特定的方法和行動，你就會變成更有效率的業務員。我們仿效銷售流程，針對開發客戶各階段而製作的系統，叫做「客戶狀態」。

這些階段獨立於你的銷售流程階段，且兩者互相補足，因為它們出現在創造新銷售機會的時間點之前。下頁圖是開發客戶生產線上的不同階段，你可以用來追蹤潛在顧客在整個開發流程中如何移動，並隨你的需要自行調整。

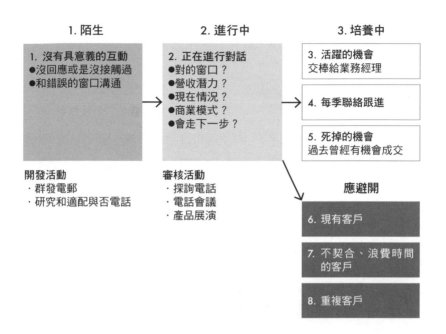

這些「客戶狀態」設定等同於Salesforce.com中機會（Opportunities）的銷售階段，但特別針對客戶／組織，所以會出現這個商機「陌生」、這個商機「進行中」等狀態。

業務員必須要這樣有條理地組織銷售對象，以便專注於正確的商機，在適當的時機使用恰當的訊息，盡可能避免徒勞無功。負責開發新業務的業務開發專員，格外需要重視這個流程。

想想看，若你的向外開發部門，寄開發電子郵件或打開發電話給已經付錢給你的客戶，這有多麼尷尬啊！

如何使用這些階段

在你的銷售系統的客戶／組織的頁面或標籤，建立一組叫做「客戶狀態」的新資料庫，做出揀配清單，並添加以下8個設定。測試它們，然後根據你自己的用語和作業流程來調整。

以下是針對各狀態的細部說明，你也可以把「箱子」想成你放置商機的地方。

一號箱子：陌生的商機

這應該非常明顯，不用多做說明，他們是沒有互動過的客戶，完全缺乏資訊來判斷彼此的契合度。這個箱子常常裝著未回應的客戶，或是從購買來的名單中輸入的資料。

二號箱子：進行中的商機

這個箱子包括所有專員目前正積極聯繫和調查研究的潛在顧客。專員正在用電子郵件或電話進行某種對話，他們也許還不確定此公司是否為適合的潛在顧客、是否有興趣，甚至也不確定誰是具有影響力的窗口。

對於「進行中」的商機，專員的目標不是用盡方法創造銷售機會。他們的主要目標，應該是判斷在接下來的幾個星期或幾個月，此商機是否真正可能產生銷售機會；如果沒有，那最好轉移目標。勉強創造一個契合度低的機會，反而會分散業務專員與「真正契合」之機會互動的注意力。

三號箱子：「培養中」的活躍機會

當專員創造了新的銷售機會，且該機會仍然是活躍狀態，便用這個箱子將該商機從生產線上移除，轉為由業務專員管轄。這幫助業務開發專員較易查看他們交棒給業務專員的客戶和機會，確保沒有掉棒——這種事發生的頻率比你想像中更頻繁。

四號箱子：「培養中」每季查看一次

我喜歡這不言自明的狀態名稱。這裡的客戶雖然當下沒有成交的機會，但某天應該會有。

五號箱子：「培養中」死掉的機會

死掉的機會（未能順利成交的客戶）需要特別對待，應該要給他們獨立的類別，因為他們未來很有可能成為客戶。

六號箱子：「應避開」的現有客戶

小公司也許不瞭解設置此箱的意義，但相信我：當你的商機基礎越來越大時，你的銷售自動化／顧客關係管理系統變得凌亂，幾乎不可能防止你的業務開發專員打給現有客戶。要確定部門只開發陌生商機，避免打擾到目前的客戶，這個箱子是幫助他們的方法之一。

七號箱子：「應避開」的不契合的商機

無業務契合度，也或許他們關門大吉了。與他們聯絡是浪費時間。

八號箱子：「應避開」的重複客戶帳號

有時你不想要刪除客戶或商機，這時可以標上「重複」的記號，確保未來能避開他們。

擬定業務開發專員獎金

我在Salesforce.com實驗了一些不同的獎金架構，發現越簡單越好，只需要2項要件：

● 基本底薪：$＿＿＿＿＿＿

● 佣金：$＿＿＿＿＿＿（目標設定為底薪的50％或總共的1/3）。

取決於你在美國哪個地區，對於一個高品質的員工，你的底薪可以訂在3.5～6萬美元之間，獎金則在2～6萬美元範圍。

如果你是僱用剛畢業的大學生，而且訂單金額較小（如每筆少於1.5萬美元），可以採用低標的獎金。高標的獎金適用於僱用5年資歷以上的專員，銷售價格高昂的B2B服務，交易金額至少5萬美元。

獎金每月付款，由2個部分組成：

● 50％的款項，取決於當月創造合格商機的數量。

● 另外50％的款項，是基於順利成交的交易金額，例如根據營收的比率。

這種獎金結構能平衡短期與長期目標，激勵業務開發專員在當下創造許多商機，同時也鼓勵他們專注在擴大交易規模和提高成交的機率。

給業務開發專員：
業務專員就是你的顧客

身為業務員，你的工作是在顧客中建立價值，讓他們願意宣揚你人有多好、工作表現有多棒。無論你作為一家公司還是個人，皆適用這個原則。

身為業務開發專員，你的顧客即是你支援和共事的業務專員。幫助他們成功，他們也會幫助你成功。你的顧客永遠是你最棒的資產。

新業務開發專員培訓計畫的簡易範例

假設新業務開發專員前2～4週的工作，集中在公司一般性培訓、產品與服務訓練等，然後才會專注於在業務開發培訓。

第三週

每日：完成3個目標（參見下一頁的範例）

1. 每日訓練。
2. 設置Salesforce.com，探索Salesforce.com功能。
3. 每天與業務開發專員和業務專員坐下來談談。
4. 從資料來源中，添加一個客戶和其組織的數個聯絡人。
5. 學習如何去除重複商機，亦即如何徹底地檢查新商機，確保他們尚未登入在系統中。
6. 群發向外開發電郵，給20～50位聯絡人。
7. 將前任業務開發專員的管轄範圍轉移給自己。

第四週和第五週

每日：完成3個目標（參見下一頁的範例）

1. 星期五之前，寄出100封向外開發電郵。
2. 正確地登入和回覆電子郵件。
3. 星期五之前，每天執行最多5通「電話對話」。
4. 每天都有一位資深業務開發專員在旁協助。
5. 起草一份個人指標管理儀表板。
6. 與業務團隊討論培訓資料中任一部分需要學習的新內容。

初學者的每日目標範例

- 選一個新的Salesforce.com線上訓練模組來研習。
- 打給系統中5個舊商機（非陌生的）練習商務對話，討論他們的需要。
- 與隊友討論「理想客戶樣貌」，學習「客戶狀態」階段。
- 在Salesforce.com裡添加5個新商機和聯絡人，寄一批群發郵件。
- 與有經驗的前輩會面。
- 與其他部門的人會面。
- 聽聽銷售電話的內容。
- 聽聽開發電話的內容。
- 起草你自己的「一日剪影」（請見第4章）。

中級者的每日目標範例

- 設置Salesforce.com報告或儀表板。
- 調校出你自己的小抄。
- 針對陌生商機，練習撥打「配對挖掘電話」。例如打給總裁助理，請求轉介適當的聯絡人。
- 與同事透過角色扮演，練習電話技巧。
- 執行大客戶商機挖掘企劃。例如從《財星》前一千大公司中挑出一個客戶，並規劃出3～5個要攻打的部門。

- 起草每月計畫──是關於願景藍圖、方法或測量指標？
- 針對客戶的業務問題，以及我方相對應的業務解決方案，進行角色扮演練習。
- 執行一項「死亡機會」專案，打探以前接觸過的客戶。

Chapter 4
業務開發的最佳實務

這是一份任何業務員
都能用來改善績效的訣竅與絕招大全。

「一日剪影」
（以業務開發專員為例）

　　當你計畫一天的活動，或你身為業務員的一天時，你的自覺程度有多高？以下是業務開發專員「理想的一天」的一種範例。你可以運用其中的原則，為你在公司的角色，計畫你自己「理想的一天」的樣板[3]。

　　在此例中，前半天主要用來追蹤新、舊商機，雖然最重要的時刻或許是開頭的前5分鐘，那時業務開發專員在考慮他們「當天的3個目標」。

　　總結來說，最有效率度過一天的方式，是以安排當天關鍵目標的優先順序為始，然後早上回覆商機（「重要和緊急的」工作），下午則是著眼未來而打電話和做準備（「重要但不緊急的」工作）。

---

[3] 編注：英文版的「理想的一天」樣板，可至http://predictablerevenue.com/templates下載。

全職業務開發專員的「一日剪影」（上午）

今日3項目標：		
	1	
	2	
	3	
每日目標範例：5通電話對話、安排2個會議、完成並寄送1個提案、輸入1個新帳戶、群發50封郵件、更新儀表板……		

剛進辦公室	計畫一整天——今天你想達成哪個目標？
7：30～8：30AM	回覆活躍中客戶的郵件，或處理急迫性任務
8：30～8：45AM	私人時間
8：45～9：00AM	規劃打電話的方案，挑選對象並確認想達成的目標
9：00～11：00AM	電話時間：以5通有意義的對話為目標

午餐之後，專心安排電話撥打、演示與計畫。最後，業務開發專員寄出一批晚間郵件，這樣隔天早上他們一進公司，就會在收信匣內看到新回應。

全職業務開發專員的「一日剪影」（下午）

1：00～1：30PM	
1：30～2：00PM	
2：00～3：00PM	
3：00～3：30PM	
3：30～4：00PM	私人時間
4：00～結束一天	準備寄送群發郵件
結束一天	重新檢視開啟中的任務，確保沒有重要事情被遺忘
離開辦公室前	群發50封郵件

保持熱情

　　最後，為了讓部門內不斷保持正面的銷售能量，每隔90分鐘休息一次，對業務開發專員來說很重要；與同事吃一頓完整的午餐，選一個時間絕對停止工作（例如下午六點）。過度工作在短期能夠產生更多結果，但最後任何人的「真實熱情」都會被消磨殆盡，導致員工失去熱情、人員離開。

業務開發專員最易犯下的六大錯誤

1. 期待立刻有結果

　　當目標公司有多位決策者牽涉其中時（通常是員工數200人以上的公司），可能要花上2～4週（甚至更久），才會發展出一個合格的銷售機會。

2. 電子郵件長篇大論

　　長篇郵件很難處理，因為很多人都在手機上閱讀。有人能夠在手機上輕鬆閱讀和回覆你的郵件嗎？幫他們一個忙，問一個問題就好。

同時，在郵件（或電話）中只要簡單陳述你為何與他們聯繫，誠實以對！你真的不需要玩小把戲，誠實就是最具說服力的行銷方式。

3. 廣泛開發，但缺乏深度

不要一次就對100個客戶出擊，改成一次10個、每個客戶聯絡10次。

4. 太快放棄理想目標

在你被真正的決策者拒絕之前，不要放棄瞭解雙方是否契合。你要「和氣地堅持下去」。

5. 太慢放棄非理想目標

堅持是可貴的特質，但也是一把雙面刃。在不適合的商機身上過度堅持，只是在浪費時間。

6. 依賴活動數量指標，而非經實證的流程

追蹤「每日撥打次數」的價值，完全比不上追蹤「每日電話交流數」或「每週預約數」。在瀑布式流程中，你的每一個步驟是什麼？隨時量測已經證實能帶來營收的指標，而非將從事大量活動當作目標。

我最喜愛的業務開發問題

以下是我個人最喜歡的業務開場問題，讓你能夠與不認識的人，開啟優質的對話。

「我打來的時間不對嗎？」

當我開啟任何對話時，這一句始終是我最喜歡提出的問題。事實上，本書後面有一整頁在討論這件事。

對話前問「我打來的時間不對嗎」，等於先徵詢對方許可，表示尊重他們的時間。這可以讓他們卸下戒心，展現你並非是一個傻瓜業務員。

他們常常會說：「這個時間不太理想，但有什麼我能幫你的嗎？」接下來，你就可以和他們聊個10～15分鐘！

「我可以問你的業務部門／行銷部門／調查研究投入……是如何組織的嗎？」

在你說出「我在做調查研究，想判斷貴公司與我們在生意上是否契合……」，誠實且直接地告知來電理由之後，就很適合用這個提問作為後續跟進。

大家都喜歡談自己的業務。以「你最大的挑戰是什麼？」為開場比較難，因為（a）他們還不信任你，而且（b）他們可能還沒想過這個問題。先讓他們回答簡單的問題，譬如：「我可以向你請教貴公司的行銷部門（搜尋引擎方面、招聘過程等）是如何組織的嗎？」

問一個開放式問題來暖場，可以鼓勵他們暢談，並開始思索目前面臨的挑戰。此外，要他們分享業務一部分的過程或組織架構，對他們來說比較容易，不需要花太多腦力，你也能得到很棒的情境資訊。

「如果你是我，你會聯絡你組織中的誰？」

和一個願意幫你忙，但並非該公司正確窗口的人交流之後，就很適合提出這個問題。

「你手邊有行事曆嗎？」

可以的話，千萬不要用郵件約時間。打電話時，手邊隨時準備一本行事曆，直接在電話中約定時間，無論你是在為自己或幫別人預約時間！

六個快速開發的技巧

1. 打電話給低階窗口／寄電郵給高階窗口

與其直接找上你的目標，先打給對方公司較低階的對象，以便瞭解詳情。或者，寄電郵給高職位對象，以便向下轉介到正確的窗口。

2. 良好的態度

你是一個無威脅性的研究調查員，不是一個強迫推銷的討厭鬼。我最喜愛的問題如下（電話或電郵都有用）：

- 「我打來的時間不好嗎？」（適用於電話）
- 「關於某項業務，誰是最好的聯繫窗口？」
- 「我想請教，目前你的部門／流程／職務，是如何架構／運作的？」
- 「如果我想與你談一下某項業務，看看我是否能夠幫上忙，會不會是在浪費彼此的時間？」

3. 撰寫易讀的簡短郵件

- 保持短而簡潔！設想對方是在手機上閱讀郵件。
- 每封郵件問1個問題，也只限1個問題……保持單純。

4. 如果他們沒有興趣，找出原因

- 無論你在解決的問題為何，它並非是對方優先考量的問題嗎？或者是沒有預算？還是因為目前正在改組，處於混亂狀態？

- 它值得你花時間深入嗎？你應該放棄，改去發掘其他商機嗎？

- 這些原因很重要，因為你將會瞭解到這些拒絕是否可以克服，或者你的下一步為何，以及何時採取下一步。

5. 對於理想潛在客戶，不要輕易放棄！

- 對於理想的潛在客戶，直到你從決策者那裡得到「否定」的答案之前（甚至是其他主管說的「不」，都不該直接當真），不要判定為不合格。如果你開發的對象是業務副總，且覺得是理想潛在客戶，不要因為資訊長認為你的開發是白費功夫，就真的認為自己是在浪費時間。

- 如溫斯頓・邱吉爾（Winston Churchill）所說，「絕對不要、不要、不要、不要放棄！」（但只適用於理想潛在客戶）。

6. 總是設定下一步

- 下一步要如何做，才能既協助銷售流程，也為你的潛在顧客創造價值？ 總是設計對他們來說是有價值的下一步：「讓雙方節省時間的最佳方法是……」；「這樣做我能幫你快一點做決定……」；「你的團隊將會學到……」

- 大約25％的潛在顧客，會對下一步要怎麼做有強烈想法。他們常會說：「我需要看一次展品展演。」就算你另有意見，不要與他們爭執。依他們的方式進行下一步，然後用你想要執行的步驟，來「改進」他們的想法，例如：「我很樂意做一次產品展演，但作為準備過程的一部分，如果你能先回答這5個問題，會讓我們在時間運用上更有效率。」

- 剩下75％的潛在顧客，會向你尋求下一步。你會陪他們走完評估與購買的流程，所以根據你與其他客戶接觸中最有效率的經驗，準備一、兩個特定的建議，例如：「我們發現最棒的下一步是……」

　　試驗這些訣竅，確認在你的市場中，哪幾個「最佳的實務做法和問題」真正有效，然後寫進一張小抄，用來指導新業務員、幫助資深業務員準備銷售電話。

時間管理和專注的訣竅：「一天的三個目標」

為隔天勾畫出3～5個主要目標，是我最喜愛的時間管理方式之一，且對任何業務員或執行長都有效。我喜歡在前一晚設定。

問自己，「如果今天我只能做完3件事，我要做什麼？」完成3件重要的事情，比你想像得更困難！

以下是業務員的每日目標範例[4]（記得要保持簡單）：

- 準備並打5通交流電話。
- 寄150封群發電郵。
- 審核1個新的銷售機會。
- 排定2個審核／探詢電話。
- 為下個月勾畫成功藍圖（目標、活動、方法）。

---

[4] 編注：英文版的「每日目標」單頁列印用樣板，可至http://predictablerevenue.com/templates下載。

Salesforce.com的儀表板範例

適用於業務部門

我鼓勵客戶採用三欄的形式，大致設定他們的儀表板，內容包括：

- **左欄**：當月活動（進行中的事務量）
- **中欄**：當月成效／交易數
- **右欄**：長期成效（該年度）

底下是螢幕截圖的範例，為保障隱私，內容經模糊化處理。

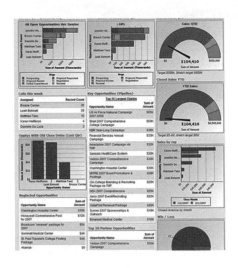

業務開發專員儀表板範例

　　每一位業務員都應該各自設立他們的個人儀表板，以便一望即知自己的業務狀態，同時也方便經理進行指導或提供幫助。

　　我在下一頁列出一個三欄的儀表板，以3x3的形式，附上9個範例報告。特別注意，這些報告與我在前一頁建議的三欄形式完全相同。

● **左邊**：當月活動（進行中的事務量）
● **中間**：當月成效／交易
● **右邊**：長期成效（該年度）

　　每個部門都不同，所以即便你應該用以上的關鍵指標和報告，作為評估向外開發業務專員的基礎，你必須瞭解到，你還是必須依照你的需求來調整儀表板。

業務開發專員儀表板範例

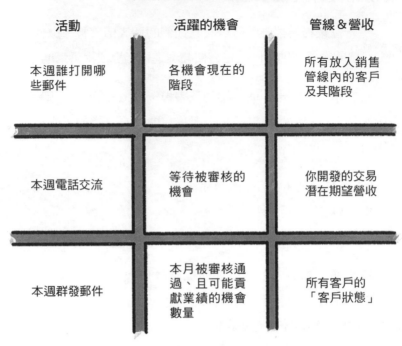

活動	活躍的機會	管線＆營收
本週誰打開哪些郵件	各機會現在的階段	所有放入銷售管線內的客戶及其階段
本週電話交流	等待被審核的機會	你開發的交易潛在期望營收
本週群發郵件	本月被審核通過、且可能貢獻業績的機會數量	所有客戶的「客戶狀態」

Chapter 5
銷售的最佳實務

縮短銷售週期，增加銷售生產力。

銷售是為了幫助客戶成功

以可預測性營收的方式銷售，其實是在銷售「成功」，這與僱用和培訓那些致力於實踐公司願景和價值的業務員密切相關。業務員會幫助新的潛在顧客連結到這項公司願景，然後幫助顧客成功；業績成長只不過是協助客戶成功時的副產品。

這些業務員不會與長期適配度偏低的顧客達成交易。他們與其他很棒的業務員組成一個團隊，以團隊的方式互相協力、學習進步。報酬很重要，但並非最重要的事。

傳統的「ABC」銷售

傳統業務員秉持「總是要成交」（Always Be Closing, ABC）的心態。他們以破壞性的方式跟同事競爭，與公司產品適配度低的顧客達成交易；他們純粹是為了拿薪水才進行銷售，錢也是他們從事此工作的唯一理由。「ABC銷售」跳過了2個基本步驟：在協商交易之前，為客戶製作一個成功的計畫；在交易成功之後，致力於顧客的持續成功。

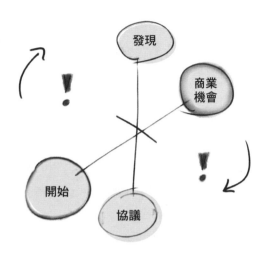

是什麼使「成交」如此刻意

業務員達成交易之後才能得到相應報酬，而且他們通常是被恐懼施壓——我的意思是，被恐懼管理。恐懼是傳統的業務管理工具之一。

看過《大亨遊戲》[5]中激勵銷售的演講嗎？「總是要成交」是很極端的一句話，但其中依舊有幾分真實。

---

5 編注：《大亨遊戲》（Glengarry Glen Ross）為美國 1992 年出品的電影，描述一家房屋仲介公司內的激烈競爭與群像。

　　當某人是因為做某件事而得到相應報酬，且經理在旁緊迫盯人時，行為就被扭曲了。對潛在客戶的同理心，在「達成交易就對了」的壓力之中不見了。信任人且能幹的經理，可以始終走在正道上，保護他們的業務員不用遭受這番扭曲的影響。以恐懼來管理業務員，只會進一步惡化問題。

　　用強力誘因來銷售高價的服務，就像是夜間購物頻道的銷售方式：「折扣只到月底，立刻下手購買！」順帶一提，如果你是因此會覺得有時間壓力的潛在客戶，難道你不知道下個月依舊會有一樣的折扣嗎？

　　為了產生短期成效，今天你使用了高壓手段，但你是否可能得因此付出客戶和員工的信任或長期營收作為代價？

顧客真正在乎的什麼（絕不是你的業績）

　　顧客完全不在乎你是否成交，他們在乎的是自身的生意是否改善。當你一頭栽進銷售週期時，你很容易忘記這一點。

　　好，你確實瞭解客戶在乎的是改善他們的生意，但你有將它奉為圭臬嗎？你有記住嗎？你或你的團隊，也許不是用這種方式來銷售。

　　業務員腦袋中正確的觀念，不斷被獎金、業績和壓力擠掉。你需要時時刻刻提醒他們（還有他們的主管），一再強化。

用客戶成功計畫作為「成交之後」的銷售

　　將「成交之後」的客戶成功計畫，也就是客戶因你產品而成功的願景，銷售給客戶，不論他們是怎麼定義自己的成功，或是由你協助他們加以定義。成功並非當他們開始使用你的服務就算數，而是當你的服務成功為他們的生意帶來正面影響，譬如當你的軟體開始運作，而非只是安裝就算數。

推銷 vs. 拉銷

　　一個有助於顧客的成功計畫，是以將顧客拉近銷售週期開始，而非強迫他們走過銷售週期。硬推他們在銷售週期中前進不只痛苦，產值也比較低，最後你只有一堆長期來說並不契合公司產品的客戶。

　　幫助客戶成功的銷售，能夠將潛在客戶的目標，與你能幫助他們達到目標的產品緊密結合，拉動潛在顧客走過銷售週期。

讓成交化為客戶達到願景時自然發生的步驟

「幫助客戶成功的銷售」的訣竅之一，是對於成交與否不要太在乎。太在乎是否成交，會讓你對客戶釋放出潛意識訊號，也就是你對於他們的成功並不是太在乎。你比較在乎得到獎金，或是可以甩開主管施加的壓力。

太強調成交本身，反而造成以下諷刺的狀況：想成交所造成的壓力，反而導致更難成交。

如果你和顧客聯手創造一個願景——你的公司將如何幫助他們成功，他們也相信你——那麼，順利成交只是成就那個夢想過程中的合理步驟之一。你可以移除「成交」中的人為刻意感，讓它變得更自然。

兩個幫助你團隊銷售「客戶成功」的步驟

● **第一個步驟**：在你達成交易之前，附加一個簡單的「成功計畫」。這是一個凌駕於只將產品在客戶端安裝後就交差了事的藍圖，它是能讓客戶真正成功的基本步驟計畫，幾乎是一個願景。它應該包括客戶對於成功的定義、一些關鍵里程碑，一些你公司和客戶雙方應負的責任。

此「計畫」也可以僅是郵件中與客戶協議好的幾個大綱。不要製作複雜難懂的計畫，它應該要簡單到任何人都能快速理解其中的本質和願景。客戶對於成功的願景越清楚，他們自己越會想成交。

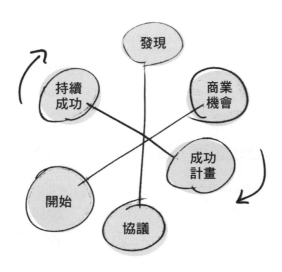

- **第二個步驟**：你對客戶持續性成功的計畫為何？你的公司是否有指派一個角色，其職責是全心全意幫助顧客，讓他們能經由使用你的產品或服務而成功？將成功與否的責任都推到顧客身上很容易，但你也有同等的責任協助他們成功，因為快樂的顧客對你的生意有益。這樣做不只正確，也會為你帶來利益。

九個導致銷售週期變長的錯誤方法

公司無止境追求的目標是：「我們如何縮短銷售週期？」關於這一點，沒有捷徑妙招，但哪些事情會加長週期倒是有軌跡可循，能夠著手處理縮短時間。

我可以想出成千上萬導致銷售週期延遲的原因，但先探討以下9個主要問題。

1. 錯誤的潛在客戶，訊息品質差（圓鑿方枘）

抓住市場和傳達訊息的時間，比你想得要久。公司總是向錯的人和公司銷售，或即使找到對的客戶，卻說得天花亂墜，用那種投資人可能會買帳、但對潛在顧客毫無意義的說法。例如：「我們是社群圖像平台整合應用的領導品牌等等……」

人性就是如此。你想要更多顧客，所以一旦有人對你的產品表現出一丁點興趣，你就會變得很飢渴。我會克制自己，儘量不要把它拿來跟顯而易見的情侶約會做類比。

專精利基以致富。如果你沒有把行銷與銷售能量集中在你的理想客戶身上，你會在不需要你產品或服務的潛在客戶身上花太多時間和心力，或沒辦法讓他們瞭解為何需要。

2. 沒有銷售流程

你有銷售流程嗎？如果沒有，趕緊製作一個，任何流程都好過沒有流程。一個穩定運作但不太理想的流程，總好過沒有流程，因為你可以改進一個穩定運作的系統，但你無法處理一個毫無規則、有跟沒有一樣的系統。

3. 你有一個絕妙但沒有用過的銷售流程

你有一個很棒的銷售流程，但成效仍只是堪可接受。思考一下，你的專員有實際按照流程操作嗎？它簡單嗎（太複雜會減少使用率）？它在管線中應該是怎麼運作？你有針對你的生意調整這個流程嗎？你上一次與業務員們坐下來，一起看、聽或詢問有關他們每天做的事情和效果，是什麼時候？

4. 「自私銷售」而非「解決問題」

你的專員只是在逼迫客戶成交並完成銷售，或者他們是在向客戶證明，他們可以幫忙解決問題？你的業務專員有對收到的商機進行篩選嗎？一直「銷售、銷售、再銷售」的專員，去掉不合適客戶的動作一定做得不夠多。專員是否能像之前在「銷售是為了幫助客戶成功」段落所描述的那樣，為顧客創造一個清楚的藍圖，促使他們真心想要使用你所提供的東西嗎？

5. 銷售窗口太低階

　　早一點發現誰有影響力、有批准的權力，也就是找出誰才是這次交易的關鍵人物。是的，我知道這並非革命性的創見，但專員真的不會這麼做。他們不敢問，因為他們害怕找上主管，害怕大膽的問題會搞砸交易。業務專員傾向花時間在那些同樣也願意花時間在他們身上的潛在顧客，因為這樣做比較容易。

● 在銷售管線檢視或一對一指導時間裡，要毫不留情地找出專員們花多少精力，去瞭解客戶的決策流程和窗口。

● 如果他們不直接與決策者接觸，要如何幫助他們的冠軍或主要聯繫窗口，來幫他們進行銷售呢？永遠不要假設你在對方公司內部捧出來的冠軍，會知道如何幫你在內部銷售，或直接進行銷售！

● 當你做向外開發銷售時，從職位高的窗口開始：比你鎖定的決策者高1～2個職階。

● 讓專員跟你公司內思考和說話像決策者的人做角色扮演。這樣能建立專員的信心，並指導他們如何與高層人士適當對話。

● 你如何定位產品和行銷，以便向高階窗口銷售，並取得他們的認同？

6. 不瞭解潛在顧客的購買流程（或達成交易的方法）

　　詢問潛在顧客他們的購買流程如何運作。每家公司都有各自的採購偏好，不要害怕探究。越瞭解他們的流程，就越能有效率地找出你的產品是否適合他們。如果你的潛在顧客（或市場）的購買流程平均耗時6個月，你在第3個月便開始不耐煩就毫無道理了。你可以這樣詢問：

● 「你們評估與購買這樣的產品時，通常會有什麼流程？」

● 「若想在30／60／90天成交的話，需要怎麼做？」或指明某個日期。

● 「我們如何能把這件事辦成？」（在銷售週期後段）

　　當你提出直白的問題時，重點不在於你問什麼，而是在於如何問。如果你問了「我們能如何將事情辦成？」這樣的問題，卻是一副缺乏信心的態度，反而會傷害到你自己。用輕鬆、有自信的方式發問，能幫助你達成交易。

7. 不在乎他們

你是真心想幫助他們改進生意，還是只想賣東西給他們？優秀的業務員會專心讓他們的潛在客戶成功。你如何提供潛在客戶協助，即使你還沒有直接透過銷售與其連結？是否有資源、新聞、建議、轉介或其他有價值的事情，是你能跟他們分享的嗎？當你打電話時，你真心在乎他們的業務狀況，還是只關注他們準備要購買與否？專心讓他們成功，有助於建立彼此的信任，因此帶來更多銷售。

8. 空口說卻不展示（你如何證明？）

如果你還在努力設法向某商機銷售，或是與該潛在顧客陷入僵局，試著贈送一個對他們有價值的產品或服務，如免費試用版本。與其告訴他們你有多好，或你的公司是怎樣的領導品牌，關鍵在於你如何證明？試用版能創造「有機會瞭解你」的第一步，讓買家感覺你有能力幫助他們。但別只是丟免費的東西給他們，要針對他們的需求或問題，客製化你所提供的東西，否則對雙方來說都是浪費時間。

9. 審核篩選的過程拖沓而行

我喜歡湯姆・貝齊得（Tom Batchelder）的書《對著死馬吠》（*Barking Up a Dead Horse*），而且相當推薦！在走投無路、受到壓力或不清楚他們的「理想顧客樣貌」的情況下，高階主管和業務員會把死馬（不適合的銷售機會）當活馬醫，純粹因為那個機會在眼前，在它身上揮鞭遠比尋找新機會容易得多。每個月深入你的銷售管線，清掉不合適的客戶，來為高契合度的新機會創造服務空間！

努力追蹤決策過程，而非決策者

過去銷售只跟決策者有關，部門的其他人不被業務認為同等重要。現在因為主管遠比以前繁忙，而且商業文化變得注重合作，沒那麼專制獨裁，決策者越來越依賴團隊幫忙做購買決定。

過去，當決策者將業務員推給下屬時，是因為決策者覺得這件事不重要、沒價值，想要拒絕業務員。業務員為此接受過訓練，能夠應付這種拒絕，用盡辦法爭取到決策者的時間。

但現在,「決策過程」比「決策者」來得重要。避免問像這樣的問題:

- 「誰是決策者?」
- 「誰開的支票?」

你要問像這樣的問題:

- 「過去你如何評估類似的產品或服務?」
- 「決策流程是什麼?」
- 「誰參與決策?」
- 「決定如何成型?」
- 「開支票付款或預算發放的步驟有哪些?」

現在,當決策者引介你給他們的「交辦窗口」(有影響力者),就是向潛在顧客銷售的完美時機。那你一開始應該忽略決策者嗎?當然不!

換句話說,雖然業務員不應該懦弱地避免試著與決策者建立關係,但這也不是最緊急、在開頭就非做不可的要務(即使這樣會是一大幫助)。

接觸最終決策者有比較不重要嗎?當然不!

　　先贏得你在對方公司的冠軍和關係人士之支持，建立信任，後續自然會水到渠成，完美地佔據贏得最終決策者支持的位置。

　　你確實要在早期與決策者建立關係，但不要向他們「銷售」，直到你已經獲得那些有影響力的人同意，或至少等到他們已開始認同你產品提案的價值。先努力建立一些生意上的信用和瞭解。

　　當有影響力者不同意，或尚未認同你在生意上的價值，如果這時你開始向決策者為提案推銷，你會顯得很遜、蹩腳或「銷售味太濃」。

　　最後，當業務員不懂決策過程（很常見），就很難確定銷售會花多久時間、成交可能性，也難以發現隱藏的地雷。當業務員太忙的時候，常會沒有充分探問潛在顧客的內部流程如何運作。

　　如果你是業務員，請問針對目前你的前五大交易，你是否已經詳細瞭解他們的內部購買流程？

　　如果你是一位業務主管，請問假使你與團隊坐下來，討論他們各自的重要交易，他們對這些交易有多清楚？不只是目前的交易狀態或下一步，還包括該潛在顧客的內部決策流程。

九個步驟讓免費試用創造最大轉換率

這些原則是寫給那些免費贈送試用產品的業務專員（作為在銷售週期與潛在顧客協調和談判的籌碼），但也可以應用在線上客戶自行操作的試用產品。

1. 與潛在顧客一起設計試用版本（並幫助他們順利運作）

這一點同時是接下來幾個步驟的核心思想。不要只是將試用版扔給潛在客戶就沒事了，你要思索如何鼓動他們，讓他們想要使用、定義什麼結果算是成功、如何運作，並且持續成長？你必須幫助他們，好讓試用成功。幫助他們，讓他們能夠自助。

2. 開始之前，盡力瞭解潛在顧客於業務方面真正的問題

這一招似乎太顯而易見？不過，專員常常急著進行展演或贈送試用產品，但他們根本還沒準備好。同樣的，潛在客戶常常不清楚他們需要什麼——特別是當你同時跟好幾位有影響力者與使用者交涉的時候。沒有真正花時間瞭解他們面臨的挑戰和渴望，你就不可能以成果為導向，設計出能幫助客戶成功的試用產品。

3. 與潛在顧客協調在購買流程（或你的銷售流程）的哪一階段適合免費試用

免費試用只是在較長（但希望不要太長！）的銷售或購買週期的其中一環。若試用成功，然後呢？在提供試用產品之前，回答這個問題。

4. 與其試圖為每個人解決所有問題，不如抓出幾個（或一個）關鍵問題

如果潛在顧客能透過免費試用瞭解其價值，這個試用才算是成功。每個人都很忙，所以要挑選對的戰場。你如何顯示免費試用的確物超所值？以此例來說，是指試用版所帶來的價值，能超過潛在顧客所投入的時間與注意力。最容易證明成功的地方為何？快速利用這些功能先贏得客戶支持，後面再隨時間添加功能。「如果這個試用版本只能解決1～3件事，要挑什麼來解決？」

5. 和顧客一起定義「成功的免費試用」

顧客（包括決策者）要怎麼知道這個試用算是成功？開始試用之前，跟顧客一起詳細擘畫。不要害怕問顧客這種問題：「對你來說，成功的試用體驗應該是如何？在你願意跟我們進行下一步之前，針對這次試用，我們（指的是你和潛在顧客）需要達到哪些成果？」

6. 為試用創造里程碑

勾勒一個定期出現里程碑的計畫，達成里程碑能創造動力，並證明更多價值。請盡量保持各里程碑簡單易懂，譬如：「80%的使用者在第一週接受訓練」、「建立3個執行儀表板」，或是「創造並接受50個商機」。不要怕隨時更新或改變里程碑，持續讓潛在顧客有需要努力達成的下一個目標或里程碑！

7. 推動潛在顧客（和他們的團隊）進行試用

潛在顧客同意你著手安排計畫與試用，並不代表他們會走完整個試用過程，特別是當你的窗口尚未在公司內部幫你打點好的時候。確保顧客對於試用成功要投入多少時間和精力，有著正確的期待。訣竅是，提前幾週在他們的行事曆上，安排好時間或活動（包括與你的溝通次數），例如：「讓我們現在就安排好時間，之後你就不用再擔心。」

8. 簡化試用流程

　　你要怎麼為顧客著想，讓試用變得更簡單、更容易？你有一套逐步執行、有系統的指導方針或訓練課程嗎？不要讓他們必須思考，複雜會導致停滯不前。為了讓他們試用成功，請把試用流程弄得越簡單越好。

9. 設置期望值

　　大多數的成功來自於正確的期望。你有過度保證但達成不足的經驗嗎？或反之？期望具有不可置信的力量，能夠成就或破壞潛在顧客對你的信任……然後成交或毀掉交易。

一套三小時十五分鐘的銷售流程

　　就如同要重視銷售週期長度，每位專員完成交易需要多少小時同等重要。為了處理更多交易，達到更高的成交率，他們要怎麼做，才能有效率又具備高贏單力？

專員傾向於浪費很多時間追求過早和停滯的交易，例如：「嗨，包柏，我只是想問問你那裡是否有任何進展。還沒？好，那我兩週後再來電。」

同時，此例中的包柏，也許沒有太多權力或影響力，所以不論這名專員堅持多久，都不會真正發生什麼事情。

我的「3小時15分鐘」銷售流程，對銷售週期的早期階段十分有幫助，能夠審核商機、接觸到決策者並建立共同願景，而且非常簡單。這是我開始做銷售顧問時發明的，可以將雙方耗費的時間降至最低，快速決定是否應該合作及何時開始合作。

此流程的目標是，在早期進行審核或篩除，接觸到多名在成交層面有權力的人，然後開始與潛在顧客創造共同願景。

3小時15分鐘可區分為3個步驟，所有時間用來找出雙方是否契合，以及適合開始接洽的時間（即使不是今天）。

第一步－第一個窗口：「這是浪費時間嗎？」（15分鐘）

想像你被引介給某人，或從潛在顧客那得到一個回應，即將進行第一次交談。你可以花15分鐘的時間，找出未來是否有必要對話。

老實說，現在每個人都忙到不行，若有人直說要怎麼做，他們會很感激，因為這樣就不需要花心力思考。在第一通電話，就立即設置期望值。以雙方都能找出是否彼此合適的方式，以及能讓對方受益的定位，來策劃出你的流程。例如：

「我們發現最快找出雙方是否契合的方法，只需要2個步驟。首先，跟您進行深度的『探詢』電話，參與者包括您及其他您想邀請的人選。如果在電話中談得順利，我們可以跟您團隊中相關的重點人物，做跟進的現場會議或電話交流，以便一次達成共識，確認我們是否應該合作、如何與何時進行？」

第二步－審核／探詢電話：「有契合度嗎？」（1小時）

這是與潛在顧客之1～2位重點人物間的電話，他們才是經常在確認新供應商狀況的人。他們要看看你的業務、確認你這個人是否值得往來，判斷要不要花時間在你的公司上，接著把你介紹給牽涉到評估流程的更多人。

你也在審核或篩除他們——記住，如果雙方不契合，別猶豫，快去找下一個客戶！

如果契合度高，你的目標是策劃一個白板會議，讓潛在顧客內部的關鍵人物和決策者一起出席，攜手創造出願景。

要與每一位潛在顧客都如此進行並不實際，但也並非你想得那樣困難。你越有信心地列出流程，且說明為何對他們會有成效，他們越有可能會跟進。

他們真的要為了找出是否契合，而被你纏著好幾個月嗎？雙方為何不現在就進行瞭解？

第三步－團體工作會議：「我們應該合作嗎？」（2小時）

在這個會議裡，你要一起創造出共同的願景。帶他們一步步走過你設計的流程，介紹你的產品，以及使用產品後會如何達致成功。引導他們創造這個願景，而非直接告訴他們如何做。

開始時利用投影片介紹，建立基礎認知，但之後就快速移到白板上進行。白板容易讓雙方團隊藉由書寫展開合作，輕鬆且即時地共創出一些想法！

如果你是進行電話會議，當然會比較有挑戰性，但概念上是一樣的：設立打電話的階段和界限，幫助客戶一起創造一個有力且可達成的願景，引領他們前行。

頂尖業務員會在對方想要的解決
方案背後發現真正的問題

　　當問潛在顧客他們的挑戰和煩惱時，他們的回答通常會聽起來像是某些正面臨的問題，但它實際上是潛在顧客心中所想要的解決方案。「我們需要一個新的行銷系統」，或是「我們的行銷系統運作不佳」，其實並非真正的問題，而是一個偽裝成問題的解決方案。

　　他們真正在說的是：「我們想要一個新的行銷系統。」

　　這並非他們故意閃爍其詞，常常是因為他們還沒有想過他們問題的根源。換句話說，潛在顧客常常不知道他們隱藏在表面底下的問題是什麼，你必須幫助他們辨認出來。

　　以下是幾個範例，示範如何問「為什麼？」或「為何那是重要的？」或「所以呢？」，引導你進入真正的業務問題：

● 「我們需要整合我們的財務和銷售系統。」這是一個潛在顧客
　心中想要的解決方案，不是他們的痛點或所面臨的挑戰……為
　什麼？

- 「因為我們的報告不正確。」這仍然不是挑戰的真正根源⋯⋯為什麼？

- 「因為我們的主管向財務總監報告，之後發現報告有誤。」啊哈！現在才找出真正的痛點：報告不正確，無法擬定有效計畫或商務決定。

　　沒有練習過的專員，很難辨識出這些真正的問題。在你的團隊中經常做角色扮演，故意唱反調或提出異議，以增進專員的技巧。給他們很多聽起來像問題的解決方案，要求他們從中挖出真正的問題。

潛在顧客應該要贏得
你對他們提案的機會

　　你的銷售團隊是否會輕易給出提案和報價，就像那些站在街上發送傳單的人嗎？「這裡，請拿一份！」

　　太早給出提案和書面資料是有代價的。潛在顧客不會重視它或你的時間，你也會失去有助於他們來反向爭取你提案的下一步機會。試想：

● 你做了一個展演。

● 展演最後，他們問了價格或提案。

● 你說你會在跟進郵件中附上提案。

● 他們說，「謝謝」。

● 你寄了資料。

● 他們再也沒有回覆你任何訊息。

　　太輕易給出提案，對每一個人都沒幫助。儘管你可能會自鳴得意，「今天又寄了另一個提案！」太棒了，但你得到多少回覆？寄出的提案如果沒有獲得至少50％的回覆率，代表你太容易釋出機會了。

　　取而代之，下次潛在顧客不經心地問起價格或索取提案時，在你知道他們真的想要之前，先不要給。告訴他們你很樂意給，但你需要與他們及關鍵人物安排一個審核電話，來確定提案的正確性，並滿足他們的需要。

　　如果潛在顧客拒絕，表示他們並非合適的潛在顧客，或是你尚未在之前的電話或展演之中，向他們證明你的價值。

如果潛在顧客想要你現有的方案，現在你有另一次機會將你的時間花在他們與其他關鍵人物身上，來創造一個願景，說明你能如何解決他們的特定問題⋯⋯然後製作一個提案，搞定它。

如果這種做法起初嚇到你，做就對了。你會看到權力天平從原本一面倒向他們的狀態，漸漸達成互相平衡。

我常年最愛的銷售電話問題

我總是被無意義的問題給惹惱，像是「你今天過得好嗎？」說真的，問的人實際上真的在乎嗎？接到電話有時會讓人感覺受到侵犯，即使是認識的人打來的也一樣。

這個訣竅是很小但關鍵的細節，所以值得為它特別討論。事實上，在Salesforce.com為我工作的史提・肖爾（Steel Shaw）後來常常說，這個問題是他所學過最好的銷售技巧。

不再囉唆，以下是最好開啟話匣子的問題：**「現在打來是否打擾到你？」**

這也許是用來做電話交談時的開場：「嗨，我是PebbleStorm的羅斯。現在打來是否打擾到你？」

　　雖然這個問題可用於任何電話，但最能彰顯成效的時機，是當對方沒有期待你打來的時候（即使他們認識你）。它能幫你製造正面的第一印象，為這通電話的前兩分鐘定調，進而決定其餘對話的走向，甚至會影響是否能持續對話。

　　當你以「現在打來是否打擾到你？」開始，你是在請求他們批准本次對話，還能讓他們放鬆，比較不會那麼戒備，或感覺被人侵犯。

　　這比「現在打來是個好時間嗎？」要好得多。對事務繁忙的人來說，永遠都不會是好時間。

　　接到電話的人，通常會回答下列兩者之一：

- 「不會，有什麼事嗎？」

- 「是的，但我現在撥得出空。我可以幫上什麼忙嗎？」

　　如果他們真的在忙，他們會告訴你，那你就有完美的機會追問：「請教你什麼時間方便說話呢？你手邊有行事曆嗎？」

　　雖然我不是一個喜歡強迫或有控制癮的人，但務必要讓你的團隊把這個問題奉為圭臬來使用！

Chapter 6
產生商機和
「種子、網子和長矛」

一般人為何會把所有商機都一視同仁？
它們其實生而不平等！你必須要瞭解不同類型的商機，
才能為可預測營收的銷售神器奠定紮實的基礎。

識別商機：「種子、網子和長矛」

　　我和許多執行長、行銷副總、董事會成員和業務副總接觸過，看到很多團隊對於如何定義商機缺乏共識，導致意見分歧、溝通失準，很難做出合理的業績預測。

　　最常見的錯誤，是將所有商機不分青紅皂白地全部放進同一個名叫「商機」的籃子裡，然後草率地根據過去結果來預測未來業績。

　　在我一次次聽到這種令人挫折的故事後，我想出了3類從根本上不同、可簡單區別的商機，分別稱為：種子、網子和長矛。不同的商機有不同的基本屬性，例如它們如何被驗明、多快可以成交以及投資報酬率等等。

　　我發現利用「種子、網子和長矛」這樣的分類法，會讓團隊針對商機的分析和預測更容易達成共識，且能輕易與投資者分享此共識。

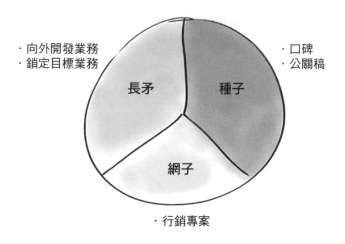

- 向外開發業務
- 鎖定目標業務

長矛　種子

- 口碑
- 公關稿

網子

- 行銷專案

「種子」類型的商機：它們需要耗費大量的時間來培養和暖身，不過一旦步上軌道，常常所向披靡。這類商機通常會有最高的轉換和成交率。種子常是經由那些對產品滿意的客戶介紹、搜尋引擎優化（下稱SEO）後產生的有機搜尋活動、看到公關新聞的讀者、在地使用族群，又或是被社群媒體及優質內容所引來的商機。

「網子」類型的商機：這是傳統的行銷方法，撒大網，然後看看你會撈到什麼，例如透過電子郵件行銷、研討會、廣告活動，或是各種類型的點擊付費廣告。

　　「長矛」類型的商機：這是由公司內部的業務員，有目的性地對外陌生開發所產生的客戶，也就是標準的業務「狩獵」。實務上如業務開發、「前10大目標」攻略，以及陌生電銷2.0。

「網子」類型商機的行銷漏斗

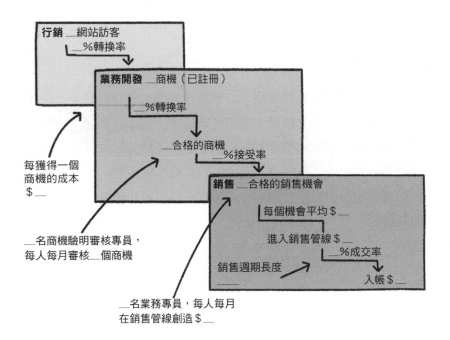

「長矛」類型商機潛在客戶開發漏斗

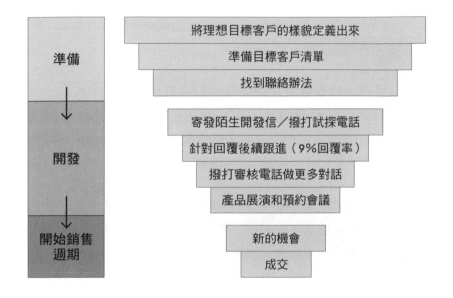

定義「潛在客戶、商機、機會、顧客和冠軍」

　　以下是我的定義。重點是，每個人對這些分類要有共識，比如何定義商機或各類術語更重要。

- **潛在客戶（或名單）**：存在於你的資料庫中的一串名單，但當你行銷產品給他們時，尚未收到正面回應。如果你是從InfoUSA、Data.com或Hoovers之類的地方購買客戶名錄，這就是潛在客戶（或名單），還不是「商機」。

- **商機**：商機是在那些潛在客戶中的人以某種形式，來表達他們對你所提供的產品感到興趣，例如：在網站上註冊來下載你所製作的白皮書，或參加網路視訊研討會。他們是不是高品質的商機並非重點，只要他們做了註冊這個動作，他們就是商機。

- **機會**：當團隊中有人透過電子郵件或電話聯絡這個商機，並且驗明這商機的合格性，符合你設定的標準後，它則進一步成為了機會。

- **顧客**：付費給你之後，他們就變成顧客了。

- **冠軍**：冠軍可以是顧客，也可以不是顧客，只要他們常常提到你家的產品，不論是做口碑推薦，或是以任何方式積極地支持你，這樣都算數。絕對不要忘記給他們大量的愛！

使用「洋蔥分層法」來幫你銷售

不同於以往，現在的潛在客戶想要在第一次購買之前先瞭解你，而且他們想要在最恰當的時間和情境下購買。

每當和我談到如何產生商機或者達成銷售，你會注意到「洋蔥分層」或「洋蔥層」這些詞彙會經常出現。我發現這個比喻有助於團隊仔細思考他們該如何鋪設產品和服務的策略。

我們的目標是，讓這些潛在客戶能夠輕易地一步步「選擇他們自己的探勘路徑」，來更瞭解你的公司和產品。

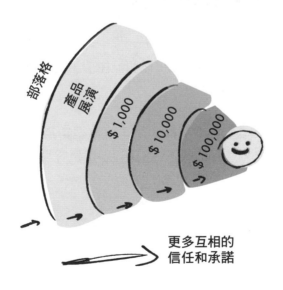

部落格

產品展演

$1,000

$10,000

$100,000

更多互相的
信任和承諾

　　網路讓大量權力從賣家轉移到買家。舊的行銷和銷售方式，著重於推送產品資訊給潛在客戶，然後努力在買家的旅程中，控制他們對你產品認識的步驟。

　　在過去，買家僅有非常侷限的資訊，常常必須和業務「盧」出更多資訊。現在，買家甚至在跟公司任何人接觸前（假設他們真的去跟真人接觸！），就可以自行深入研究對方公司了。

順應潮流，讓潛在客戶做他們的功課

　　與其抗拒這個趨勢，死守著舊方法來框限潛在客戶「應該」用什麼方式來瞭解你的公司，不如順應潮流，隨他們以自己的步調來瞭解你，將控制權交給他們吧。

　　你可以呈現一些有邏輯的「下一步」選項，讓他們決定如何及何時往下一步走。當然，如果他們停住了，偶爾給予有用的提示來輕推一把是無妨的。

　　建立層層遞進的洋蔥步驟，是「接收型銷售」（Receiving Sales）或「拉銷」的重要關鍵，這比強硬推銷容易多了。讓潛在客戶自己幫你忙！

洋蔥層是互相的：他們認識你的時候，你也同時瞭解他們

　　洋蔥層的做法，能使探勘期的客戶和供應商之間，逐步增加信任度和承諾，測試彼此的契合度，儘量減少未來因為不合適所造成的風險及金錢損失。洋蔥的分層可以讓初步接觸公司的客戶，採用讓他們心安的接觸模式，然後再逐步加深信任度和承諾，往雙方都覺得合適的那幾層前進。

　　身為賣家，這下子在你投入更多額外的時間或資源之前，就可以更方便地測試出這個客戶適合你的程度有多少！花時間在不合適的客戶上會產生巨大的成本，正確的分層法可以幫助你避免這些地雷。

放手

　　別再試圖控制潛在客戶往前進的時間。你不得不接受，大多數處於探勘期的客戶最初註冊一個部落格、試用帳號或產品展演時，真的不代表他們準備要做任何事。這樣也好，不要強迫他們，但可以考慮是否可以提供另一個洋蔥層，以便於他們採取下一個步驟。

　　如果你看到某個潛在客戶被卡在某一層，可以考慮重新設計下一步所提供的方案。想一想，什麼樣的「美味可口小點心」，有助於讓他們多走一步？你要創造哪些嶄新且更有說服力的分層、內容或產品，才會符合探勘期客戶的樣貌，以及他們自身評估與購買週期中所處的位置，提高吸引力？

　　放棄試圖控制潛在客戶，要相信如果雙方能彼此互惠，而且你持續培養關係，同時你的「分層」方法和潛在客戶是正相關且有用的，總有一天他會成為客戶！

如何產生穩定的自來商機

　　下面一段是由Hubspot公司的彼得・開普塔（Peter Caputa）所客串分享。當彼得和我第一次認識時，我們立即欣賞彼此的看法，我很樂意分享一些開普塔產生自來商機的絕妙方法。

　　自來商機是那些主動找上門的人，通常是在你的網站以某種方式註冊，或要你回電給他。他們是一群在你找到他們之前，就先找到你的人。

自來商機的量可說是非常捉摸不定，噴發式的爆衝成長，很可能只是因為命運女神對你微笑，以及你在某個時間點為公司做的公關或廣告。但還是有一些方法，能穩定產生更多的自來商機與可預測性。

可行的自來客行銷法

以下的活動是按照產生自來客的難易度進行排序：

1. 客戶轉介
2. 免費工具／試用
3. 有機的SEO
4. 寫部落格
5. 發電子報
6. 網路研討會
7. 點擊付費廣告
8. 聯盟行銷
9. 社群媒體

然而，以上所有活動常是相輔相成，難分彼此。例如，寫部落格文章能幫助SEO成效，同時提供電子報內容。整體來說，這些活動能構建出互補的自來客行銷策略。

此外，以上任何一個方法，幾乎都可以幫助到另外兩個方法。這些活動可以吸引到新的潛在客戶，也能培養現有商機。

如果我是行銷副總、業務副總或正要進行自來客行銷的小企業主，上述每一個方法我都會做。但這些方法無法一蹴可幾，在你嘗試全部執行之前，最好先只挑3項，把成長動能建立起來。

這些方法大多需要投入時間而不是金錢，而且很多方法是相輔相成，因此按照正確的順序來執行會很重要。

客戶轉介

你最好的行銷幫手和自動上門的商機來源，就是快樂的客戶。當客戶向同行推薦你的產品或服務時，他們正在幫你建立信用和值得信賴的形象。客戶之間隱含的互信關係通過轉介，也會傳遞給你。

在網路上，你可以藉由「談及轉介這件事」來加快轉介步調，也就是先轉介其他客戶給你的客戶來開先例。這就是互惠法則，你的收穫會比你付出的更多。同時，能讓自己處於隨時可以認識新朋友的狀態，不論這些人是否和你所提供的服務有著直接相關。

免費的工具／試用

　　大家或許已不復記憶，但10年前很少有軟體公司願意提供免費試用，人人都很擔心競爭對手會學習他們的技術，而業務員會失去很多說服潛在客戶的籌碼。

　　Salesforce.com改變了一切，它是首批在其網頁上提供整整30天免費試用的公司之一。這樣的免費試用成為了他們最佳的商機產生方法和銷售工具！

　　此外，HubSpot的WebsiteGrader.com是一個免費的SEO暨網站分析工具，讓網站主能分析其網站和線上行銷的成效。Marketo則是有各式各樣免費的訓練和教育資源。Landslide有一個免費的線上工具，可協助組織設計一套銷售流程。幾乎每個SaaS公司都有某種免費試用功能。如果潛在客戶能免費使用你所提供的一部分服務，將會產生更多商機，成為你最佳的銷售工具。

　　即使你的公司不是在銷售軟體，你也可以想想看，你能提供什麼樣的免費試用，像是免費諮詢？免費線上訓練影片？工作範本？或是產品樣本？

搜尋引擎優化（SEO）

這個方法最需要耐心，但其實只要做對其他的所有方法，SEO帶來的自來客商機就只是副產品。SEO需要你徹底研究關鍵字，並監控搜尋引擎排名。

如果你執行得當，你所寫的部落格文章、公關稿和社群媒體內容，都會對SEO有幫助，你就不需要花大錢請昂貴的SEO顧問，也不用專門努力為了SEO而SEO。最核心的做法，就是挑選好關鍵字，再利用那些關鍵字（可以是部落格文章）來優化網站頁面與建立外部連結。

SEO對於產生自來商機的效應是累積且加乘的。換句話說，幾個月之後，只要你持續創造良好的內容，並建立優質的外部連結，從SEO生成的商機數目將會不斷提昇。

寫部落格

如果你要做自來客行銷，你必須「加入對話」，參與線上討論。很多開始寫部落格的人認為，這不過是挑些聰明事來寫，而且文筆很重要。並非如此，它其實是一種雙向對話。任何一個好的業務員，都知道一通有效的陌生開發電話，是讓潛在客戶講得比你還多。

寫部落格也是一樣。讓自己成為別人的資源,透過閱讀他人的部落格、在你的文章提供連結到其他部落格、去別的部落格留言,來打造一個活躍的人脈網絡,這對別人是否願意投桃報李至關緊要。這不盡然是互惠定律,但它絕對是參與定律。設定一個簡單的目標,例如每週和一名新的部落客接觸。

一旦部落格閱讀族群突破了某個關鍵數量,就會開始產生群聚效應,接著齒輪便會自行運轉。這可能需要幾個月的時間才會發生,如果你剛進入這個領域,甚至要等上數年。訂閱的讀者不知道從何而來,連結也不知道從何而來;可是隨便一個人轉貼或分享你的部落格文章,說不定就引來洪水般的流量。不久之後,你就可以在部落格只專注於產生優質內容,並持續跟訪客做良性的對話。

電子郵件和培養商機

在用戶同意之後,直接對他們做電子郵件行銷,仍是發展新商機和培育舊商機時最重要的行銷技巧。電子郵件行銷的重點,是建立你的專業形象、與你的受眾建立關係和信任、推廣你的網路研討會或直播,或是推廣你的產品。

至少,你需要用電子郵件來分享你的部落格文章,或是邀請人們到你主辦的實體活動或是網路研討會。

人們真的有訪問你的部落格嗎？多少人不需要提醒，就知道要回你的部落格逛逛？讓拜訪你的部落格變得很輕鬆，也就是乾脆將文章送進他們的收件匣。這裡提供一個經驗法則：每個月至少送出1封電子郵件，且每週不超過2次。

網路研討會

網路研討會是商機培育的絕佳手段。網路研討能讓客戶不斷回訪，跟你互動及學習，輕易讓他們有充分的理由來廣傳你的服務給朋友。

80%的網路研討會，目標不是銷售而是教學：要「教」一些有用的資訊，例如他們怎麼將工作做得更好？

網路研討會可以在教學和中立的氛圍下，建立你的公信力，附帶告訴大家你的服務。網路研討會難能可貴的是，它可以做成一系列講座，這能讓參與者保持好奇心，不斷搜尋下一次的內容，也可以藉此告訴朋友來參加下次會議。

使網路研討會本身「比你的產品更重要」。讓內容圍繞在參與者想學習的，而不是你公司的產品。最理想的形式是：邀請客戶當講者，分享相關產業的學習經驗給你的觀眾；有些課程與你的產品有關，有些無關。

點擊付費廣告行銷

點擊付費廣告可以成為一項非常有效的商機產生工具。一些擁有簡單的產品或服務,且針對企業銷售的公司,點擊付費廣告常是他們唯一或主要的網路行銷方法。

然而,銷售複雜產品或服務的公司,點擊付費廣告的成效常常不盡理想。越需要潛在客戶建立信任和受過指導才會使用的產品或服務,就越難透過點擊付費廣告將商機轉換為客戶。

研究顯示,教育水準較低的人,往往會點擊付費廣告;教育程度越高的人,則越傾向點擊自然搜尋結果。

雖然點擊付費廣告有時是隨機商機的來源,但你要仔細追蹤這些商機變成合格的機會、順利成交的轉換率。

如果你的產品是賣給更複雜的買家,你最好還是以SEO和部落格寫作為主、點擊付費廣告為輔,來實驗出最佳的網路行銷組合方案。

聯盟行銷／合資公司

如果你的行銷能力已經處於成熟階段，你知道你理想的潛在客戶是誰、在哪裡，你可以找出那些潛在客戶會接觸的相關媒體，例如：論壇、部落格、貿易雜誌、郵件名單、專門領域的搜尋引擎。

最好的合作夥伴，是和你的利益及價值觀一致，並且擁有龐大且優質電郵名單的部落客或公司。比起從他們那裡直接購買名錄，更好的方法是，將能讓客戶非常心動的訊息，安插在他們的網站或電子報裡。

更理想的方法是，你們談一個按照實際成效付費的合作方案，讓他們幫忙推銷貴公司產品，並以產生的商機數量或營收比例來拆帳。

這確實是個雙贏的方式：部落格或組織為他們的受眾創造價值並賺取額外收入，你的公司則順利獲取商機或銷售產品。

社群媒體

線上交流、社群媒體和社群書籤網站，都是能讓部落格讀者成長並幫助提昇搜尋引擎排名的好工具。但我發現，如果單獨使用社群媒體做行銷，其投資報酬率並沒有累積或加乘的效果，除非你已經很有名。

但我還是認為，它是非常重要的自來客行銷方法之一，因為它讓冰冷的公司有了人味。然而，它沒辦法立即將大量的流量轉化為商機。

如果業務和市場行銷團隊能組織一些社群媒體行銷活動，並以分散式團隊中每個人各自的人脈網路發揮槓桿效果，來宣傳新產品、收集回饋意見或提高該行銷活動的能見度，社群媒體的成效也可以非常強大。像LinkedIn和Twitter這一類的網站，也讓公司比較容易跟那些早就對語音信箱和電子郵件無感的潛在客戶或商機，產生初次連結。

做越少越好

別照單全收，試圖全部執行！先選擇上述2～3個方法就好，然後開始專注地開始做其中一個。在採取更多方法之前，先確定你已建立了一些專業知識、成長動能和一些不錯的結果。注意別在同一時間把你的精力分散在太多的方向和專案上。

行銷自動化的最佳做法：
Marketo如何使用Marketo

當你想學習如何將事情做到極致時，你要向誰學習？當然是去找大師！

當我想要學習如何建立最佳的業務組織時，我知道要去哪裡：在Salesforce.com當業務。當我還在那裡工作時，我親眼目睹業務組織能變得多有效率，主要是因為Salesforce.com就是一個在開發和使用自己的產品，來達成推動業績成長最佳實務的專家。

這本書除了探討業務成長的最佳方法，我想補充分享現代行銷自動化的一些最佳做法。從Marketo這個當紅的行銷自動化公司的行銷部門借鑒，應該能讓我們學到最佳方法。他們從2002年開始，短短幾年之間從無到有，已經擁有超過3000家客戶。

Marketo的行銷自動化解決方案，可幫助行銷人員自動化測量那些可以觸發需求的行銷活動效應。他們將不同功能打包在一起，如電子郵件行銷、商機培育和商機計分。

商機產生僅是成功的一半。為了讓業務能從商機中轉換出最大營收，Marketo的第二項產品「業務洞察」（Sales Insight），能幫助業務人員針對最熱門的商機和機會，進行瞭解、排定優先順序和交流。

我之所以想向Marketo學習，是因為他們是利用自家的產品，來推動行銷自動化最佳實務的專家。

2007年，當時我在合金創投（Alloy Ventures）服務，我認識了 Marketo的執行長菲爾·費南德茲（Phil Fernandez）和產品行銷副總約翰·米勒（John Miller）。從那時起，我就對他們行銷的專業及執行力印象深刻。我相信他們的產品，而Marketo也成為我在「可預測營收」相關業務（包括這本書）的合作夥伴、用戶和贊助商。

他們非常大方，願意在這裡詳盡分享一些適用於他們的成長方法。

Marketo如何有效地培養、評分和交付大量的合格商機給業務專員

宏觀面：Marketo的「營收漏斗」

Marketo的營收漏斗，是將潛在客戶在買家旅程中如何移動視覺化的工具。他們已經制定了潛在客戶從「無名氏」到「客戶」的大致階段。

Marketo 的漏斗有6個階段：認知、詢問、潛在客戶、商機、機會，最終成為客戶。這本書已經探討了前4個階段，從「認知」變成「商機」。

在整個過程中，Marketo使用他們的產品來追蹤潛在客戶的行為和動作。底下是Marketo的漏斗圖：

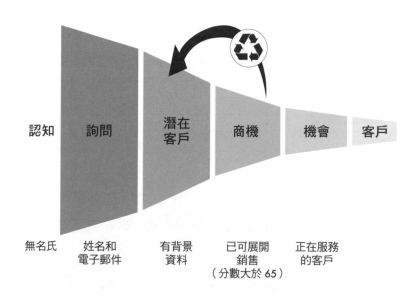

讓我們一步步走進他們的行銷步驟：認知、詢問、潛在客戶和商機。

第1個階段：認知

認知是當潛在客戶第一次發現該公司。在這一刻，商機通常是個無名氏，也就是Marketo還不知道他們的名字或任何聯絡資訊，但Marketo仍然會追蹤他們在這一階段的活動，如下頁圖：

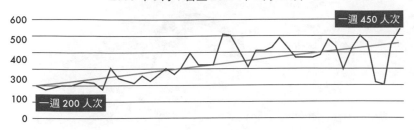

每週以「Marketo」為關鍵字進行搜尋的訪客數目
2008 年 5 月 1 日至 2009 年 1 月 17 日

Marketo在「認知活動」這階段的追蹤，主要是著重在：
（a）觀察已知或匿名商機拜訪網站的次數，或者（b）那些有搜尋關鍵字「Marketo」的商機。

Marketo認為，他們的部落格（blog.marketo.com）是市場對他們認知加深如此迅速的主要原因，這大大加快了他們獲得第一批500個客戶的速度。

這是關於部落格和行銷很重要的一課：Marketo不在自己的部落格上「推銷」自己的產品，完全不做銷售動作。Marketo的部落格受歡迎和成功的原因，是因為他們建立了一個提供各類現代行銷的最佳做法和意見領袖文章的平臺。他們邀請各方意見領袖，在他們的部落格上分享心得，我也曾當過他們的客座作者。他們因此成為令人信賴的權威機構。

　　建立公司部落格，是一個建立品牌知名度、提昇SEO排名，且能讓潛在客戶與合作夥伴以輕鬆的方式去瞭解並信任你的公司之絕佳方法。它是一個能證明你的公司在垂直領域或相關業界，值得被視為意見領袖的地方。

　　但是你的部落格並非直接推銷業務或服務的好地方。當人們從你的部落格（和實體活動、電子報和網路研討會）獲得了真正的價值時，他們終究會回來購買你的產品，並推薦給朋友。

第2個階段：詢問

　　當無名的商機註冊了姓名和電子郵件地址（這樣就好！），不再是無名氏之後，就進入了詢問階段。他們註冊想要收到Marketo的最新資訊。

　　Marketo網站的大部分內容免費開放給讀者，不必特別註冊。但有某些更高價值的內容和研究報告，需要潛在客戶填寫註冊表格之後才能獲得。大多數人在起初認識你的公司時，就算註冊可以免費獲得內容，還是會猶豫不決；他們寧願等到多認識你一點之後再註冊。

甚至，當訪客主動向Marketo尋求更多資訊時，它不會趁機要你一口氣填寫冗長的表格，這樣會降低轉換率。取而代之，它有一套很棒的「漸進側寫」能力，也就是針對不同價值的內容，來要求註冊者一點一滴地提供更多相關資訊。這使得潛在客戶更容易循序漸進地信任該公司，同時該公司繼續能更瞭解潛在客戶。

潛在客戶第一次註冊時，可能僅被要求分享自己的姓名和電子郵件地址。下次潛在客戶下載另一份新的內容時，表格上已經有先前填過的資訊，它會再多問一些額外的資訊，像是職務和公司名稱。

第3個階段：潛在客戶

現在要談到的這一段，文字定義非常重要。清楚定義「潛在客戶」與「商機」兩者的涵義，可以避免公司內的業務和行銷團隊產生困惑。

Marketo將「潛在客戶」（較冷）和「商機」（較熱）做出區分。為什麼呢？要業務處理所有商機，會非常沒有效率，Marketo想要把商機排出優先順序，讓需要花時間後續跟進商機的業務團隊有所依循。

它用1～100分的「商機分數」，來區分商機的熱度。

潛在買家如果少於65分，被稱為「潛在客戶」；超過65分，則被稱為「商機」；獲得的分數越高，代表這商機越熱。為了總結這個章節針對「潛在客戶」的探討，讓我們來進一步瞭解商機評分的機制。

Marketo如何使用商機評分機制來排定優先順序

此機制非常簡單：採用百分制級距評分，積分越多的商機代表越熱。

商機獲得加分或減分是根據一些面向而來，像是他們最近何時拜訪過網站，或是拜訪的頻率。Marketo還會考慮其他因素，例如關鍵字、拜訪時觀看的題材、造訪者在網站上的行動，來決定應增加或減少分數。例如，如果造訪者前往網站的職缺頁面，暗示他可能只想找工作，而不是對產品有興趣。

Marketo還實施了「積分衰減」的機制。如果一個商機持續沒有活動，他的分數將會持續遞減，也就是商機越來越冷。以下是一些計分範例：

背景統計

● 經過人工審查潛在客戶，可決定30分。
● 基於職務名稱，可決定0～8分。

來源和邀請

- 由網站而生的自來商機：＋7
- 由意見領袖邀請：－5

行為舉止

- 訪問任何網頁，或打開任何電子郵件：＋1
- 觀看產品說明影片：每個＋5
- 報名網路研討會：＋5
- 參加網路研討會：＋5
- 下載意見領袖寫的內容：＋5
- 下載客戶對Marketo的評價：＋12
- 在一次訪問拜訪超過8頁：＋7
- 在一週內拜訪網站2次：＋8
- 搜尋「Marketo」此關鍵字：＋15
- 訪問定價頁面：＋5
- 訪問職缺頁面：－10（我特別喜歡這一項！）

一個月內沒有活動

- 此商機超過30分：－15
- 此商機為0～30分：－5

如果你想要實施這樣的方法，別擔心必須做得像Marketo那樣詳細或完美！Marketo本身也是花了一段時間進行大量實驗，才建立出自己專屬的商機評分流程和積分系統，而且不斷改良進化。

對你來說，最重要的是開始執行、檢討結果、學習並改良你的評分流程，直到它開始發揮正面效果。

第4個階段：商機

當一個潛在客戶獲得65分以上，正式成為「商機」，下一步該怎麼做？

一旦潛在客戶成為商機，代表他們真的對Marketo感到興趣，不論是對公司、產品或是服務。此時，業務團隊知道這商機絕對已經值得他們花時間去跟進，來驗明其資格，並將其放到銷售管線內。

商機的轉換率是你必須追蹤的5個關鍵指標之一。多少百分比的商機，能夠變成合格的機會？以下是Marketo轉化率的範例。

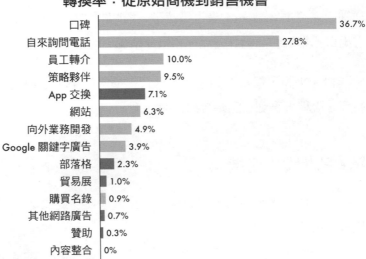

轉換率：從原始商機到銷售機會

口碑	36.7%
自來詢問電話	27.8%
員工轉介	10.0%
策略夥伴	9.5%
App 交換	7.1%
網站	6.3%
向外業務開發	4.9%
Google 關鍵字廣告	3.9%
部落格	2.3%
貿易展	1.0%
購買名錄	0.9%
其他網路廣告	0.7%
贊助	0.3%
內容整合	0%

利用自動商機培養活動，維持買家熱度

針對位於營收漏斗內的買家，Marketo利用4種主要的自動商機培養活動跟他們保持聯繫。

新的潛在客戶和商機活動

當潛在買家為了獲取網站某些內容而註冊，例如要觀看產品介紹影片或獲取免費試用，就會啟動一系列後續自動寄發的電子郵件。

例如，當內容被觀看或下載後的11分鐘內，針對性的電子郵件將會從「商機擁有者」自動發送給潛在客戶。此處，「商機擁有者」是指公司系統自動分配的「市場回應專員」。所以，每一個商機都會自動收到來自市場回應專員所發送的電子郵件，專員不需要時時記得檢查他們的新商機。Marketo會自動以極快速度跟進潛在客戶。接著，市場回應專員再以人工方式審查新商機，來確定哪些看起來是真正潛在客戶，哪些是來亂的、垃圾郵件或其他浪費時間的資訊。

當訪客被確認是真正潛在客戶後，Marketo便開始了為期21天的後續跟進活動。

21 天跟進活動

- 第1天：評估該潛在客戶超過65分嗎？
- 第2天：打電話和發送第一封郵件。
- 第5天：發送內容郵件（邀請他來接收更多內容）。
- 第9天：打電話。
- 第16天：發電子郵件。
- 第21天：「回收此商機」。

如果潛在客戶並未積極參與上述互動，他們就會收到「保持聯絡活動」。

「保持聯絡」活動

這個活動是針對那些需要更多時間才能成熟、還沒準備接觸業務員的潛在客戶，目標是在建立關係。

它也被稱為「滴水穿石」活動。Marketo持續將相關和有用的點滴內容發送給潛在客戶，博取潛在客戶的信任，有助於他們進入購買週期，並提醒商機對購買開始有興趣時，要記得聯繫Marketo。

培養潛在客戶，並不是要你老是打擾他們。記住，品質比數量更重要。

◉ 5 個 Marketo 培養商機的有效技巧

- 使他們感受到價值，而不是僅有你獲益。
- 讓它簡潔易讀好消化。
- 針對不同買家背景，給予不同內容。
- 針對所處的不同購買階段，給予不同內容。
- 挑選正確的時機。

Marketo的商機生命週期

如果潛在客戶獲得超過65分，他們的正式名稱叫做「商機」，他們在Marketo及Salesforce.com系統中的狀態，也會被更新為「商機」。

此狀態更新後，Marketo會自動啟動一套商機的21天生命週期流程。

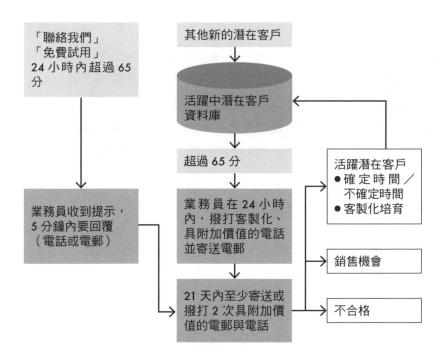

我知道這很難相信，但這張圖是由Marketo生成，不是我自己畫的。

這個過程有多個追蹤流和3個結果。追蹤部分包括：

- **快速追蹤**：如果商機填寫「聯絡我們」表格來申請免費試用，或商機分數超過65分，這些商機5分鐘之內就會收到專員的跟進聯絡。內勤業務專員會收到系統自動、即時的提醒，告訴他們要立刻用電話或電郵來聯絡此商機。

- **其他新的潛在客戶**：如果潛在客戶達到商機分數65分，但其行為不符合「快速追蹤」，專員的任務則是在24小時之內跟這位潛在客戶互動。內勤業務專員將會研究這個商機的所屬公司，瞭解他們是誰、他們的商業模式，以及他們行銷上可能的需求。因此在透過電話或電郵聯絡此潛在客戶之前，專員便可客製出一套介紹說明，以良好的準備來進行一個有價值的對話。

Marketo商機資格審核標準

以下是Marketo的5個主要標準：

1. 對方有使用我們公司產品的原因，且動機夠強嗎？
2. 對方是否已有明確被辨識出來的痛點或需求？
3. 對方目前用的行銷工具和流程是什麼？

4. 對方的時程規劃？

5. 對方公司的年營收、規模大小為何？

如果無法透過電話聯絡到潛在客戶，Marketo會發送2封電子郵件，並再試著打1次電話。

經過21天的流程後，這個商機可能會出現以下3種結果：

1. **不符合資格**：一小部分的商機，永遠不會適合。

2. **轉換為機會**：內勤業務專員順利將此商機轉交給業務專員跟進。如果市場回應專員認為這商機值得追蹤，它們將轉變成銷售機會。

3. **回收**：這些商機將持續透過電子郵件行銷進行培養。業務員可以決定是不是要再次聯絡這些過去的商機，也可以等到這些商機做了一些新的動作、被標明成活躍商機之後再說。

讓業務員能輕鬆至極排定優先順序

Marketo使用Salesforce.com為其業務團隊提供自動化系統。此外，Marketo利用它們自己的「業務洞察」附加功能產品，來提高他們自身在Salesforce.com的使用率。這個軟體讓使用Salesforce.com的業務員，能夠輕鬆、快速地辨認並集中注意力在最火熱的潛在客戶身上。

數據儀表板會將商機的背景和適合度（以星星標示），以及商機需要跟進的急切度（以火焰標示），用視覺化方式呈現。

一眼望去，業務員便可以看到管轄範圍內的所有客戶及其活動，也可挖掘更多資訊，然後排定後續接洽的優先順序。

不論你是否對Marketo的產品感到興趣，你只需研究他們的網站（www.Marketo.com）並註冊，你就能實際體驗到他們會如何跟進你。

將你辦商業展覽和研討會的
投資報酬率最大化

這一節不是為了取代你在研討會所採取的策略，相反地，它將提供你利用業務團隊產生商機的額外方法。

研討會和商展產生有價值商機的效果很惡名昭彰（好吧，應該說是超爛），但這是有原因的！大多數出席展覽的人，都被大量的活動和選擇壓得喘不過氣。那裡充斥著免費贈品，讓他們願意出賣自己的個資，不論是否真正關心那些產品。他們填寫所有攤位的資料，只為了換取免費贈品。

這不是展覽的錯。商機產生的真正責任其實在於出席者，他們必須要仔細思考整個商機產生流程，好從該活動創造出真正的業務（包括前期的準備和事後徹底的跟進）。

你需要一個注重商機品質、而不是名片數量的流程。

釐清活動團隊任務

負責帶領此商機產生活動的人是誰？

「活動業務團隊」是誰？哪些業務員與同事要參加？最好由同一個團隊參與整個流程：包括準備、活動執行及徹底跟進。

該如何衡量活動是否成功呢？絕對不是以蒐集到的名片數量來衡量。是在2～4週內能被驗明合格的商機數目，還是在1～3個月後能夠進入銷售管線的合格機會的數目？或是根據未來的2～6個月內能成交的客戶？

第1階段：準備

盡可能研究哪些人和哪些公司會參加。最好能在3～4週之前就開始研究搜集，因為你會花比你想像更久的時間來準備。

檢查並排出潛在客戶真正的優先順序。以品質而非數量來排序，最好只鎖定較少但更適合的公司。

負責的業務團隊，是否已針對潛在客戶進行初步接觸，確認對方是否已經採用了競品？誰才是真正的決策者？他們甚至可以預先排定活動現場會議。

準備好「小抄」來總結該公司參加活動時的要點，這些資訊能讓你輕易與瞄準的潛在客戶展開真正交流。例如：「我從約翰‧戴維斯那裡知道，你們的機構部門目前正使用希伯系統……」。

第2階段 ：活動執行

分配團隊任務區域，並給他們時間主動出擊，找到目標潛在客戶（當然要小抄在手）。接著，儘快在每次交談之後，於Salesforce.com記錄細節，確保後來不會遺忘。

盡量剔除不合格的商機，也避免盲目地瞄向每個來你攤位訪客的名牌！如果你可以確定有些人絕對不會成為潛在客戶，最好直接將他們剔除在清單之外！將低品質的商機一直放在業務專員的電話名單上，會產生很大的成本：（1）他們將很難找到和專注在好的商機，以及（2）業務專員將把時間浪費在聯絡成交機率低的商機。

第3階段：徹底跟進

讓參與商展的同一個業務團隊，持續針對目標客戶排出優先順序、做後續跟進。經由在這次商展的互動，如今這些潛在客戶應該要已經在探索流程中多走幾步了。

想一想，怎麼做才能讓下次商展辦得更成功呢？哪些做法可行，又有哪些行不通？

Chapter 7
執行長和業務副總們
所犯的 7 個致命錯誤

我永遠不犯愚蠢錯誤。我只會犯非常聰明的錯誤。
——約翰·皮爾（John Peel）

在我離開Salesforce.com之後，我已經為數十家公司提供顧問服務。我見過高階主管在追求業績的同一時刻，常常不斷地犯下相同但是很基本的錯誤，即使是有經驗的執行長和業務副總也老是這樣。

致命錯誤1：不負起理解銷售和商機創造流程的責任

執行長是一切的根源。即便執行長開始聘請高階管理人員，督導商機開發和業務成長，對於商機開發和業務成長的方法，執行長仍必須親自瞭解，而非假手於他人。執行長必須有基礎的知識，才能設定有效的目標、指導高階人員、並解決營收問題。

我自己作為LeaseExchange執行長的致命錯誤之一，就是將商機開發和業務成長的執行及理解，推給別人負責。我不僅亂定營收目標，而且也沒能真正理解為什麼業績總是不如預期。這代表我並不清楚需要做出哪些改變，才能獲得期望中的結果。

瞭解業務和商機開發怎麼運作之後，執行長才能建立一個實際可行的計畫和願景，從而避免隨意設定目標、沒根據的假設和計畫，開始經營一家成長更快速、獲利更好的公司。

解決方案：執行長需要自我教育，可以是間接透過專業顧問輔導，或直接參與一些正在進行的專案。

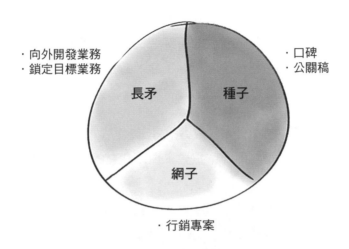

致命錯誤 2：認為業務專員應當進行開發（期待他能三頭六臂）

你需要業務專員（有業績目標的業務人員）花大部分時間去達成交易或打電話給老客戶，而不是開發新的客戶。開發潛在客戶不能帶來收入，達成交易才能帶來收入。

業務專員花在開發新客戶的時間應少於20％。就算要開發，也只能針對頂級10大策略客戶或當前客戶下手。

大部分開發新客戶的工作，應該另外由專職人員負責。即使是高度依賴人脈來獲取營收的行業（例如顧問服務業），新客戶的研究、開發和資格驗證等早期工作，還是可以由性價比高、專注本業的業務開發專員來處理。

解決方案：將業務人員做專業分工。只需要2個業務人員，就可以開始分工。這真的非常重要，所以我在本書不厭其煩地講了又講。

致命錯誤3：
以為經銷商會幫你賣產品

就算你成功跟許多經銷商簽署合作，最致命的錯誤就是以為他們會為你賣命銷售。通常他們不會這麼做（特別是在軟體和商務服務業），或是做不到，也可能他們只是不太擅長銷售。

你要掌握自己的命運。你必須先建立自己初步的銷售戰果，才能從經銷商合作中獲利。你要自己先成功，隨後才會在經銷商看到成效。

解決方案：在依賴不可靠的經銷商之前，先以成功的直接銷售，來掌握自己的命運。

致命錯誤4：人才流程跌跌撞撞
（包含招募、訓練與獎勵）

可預測的營收必須仰賴可重複的人才流程。例如，僅給新人幾小時或是數天的訓練，就放他們自生自滅，這可不是一個可以重複的人才流程。

關於這一項，高層還犯過各式各樣的錯誤，其中包括：

- **錯誤招募**：特別是不當地招募業務團隊的管理階級，例如僅由履歷表來決定。記住，業務員的天分應該在於銷售，包括把自己推銷出去！

- **訓練不足**：再回到如何訓練方面。若要真正瞭解客戶的想法，新員工在開始屬於他們的「專職」工作之前，都應該花時間與第一線接觸客戶的人員學習。請參考下頁「階梯培訓」方法的圖片。

支援／服務團隊新員工的訓練計畫
案例：訓練不負責銷售的業務員

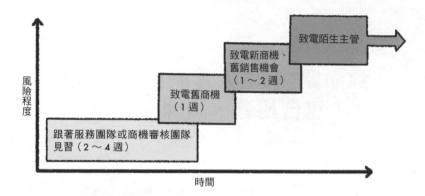

- **上軌道的時間比你預期中久**：內勤業務專員大約需要1～3個月，外勤或專門負責企業級客戶的業務專員則需要6～18個月——沒錯，就是要18個月那麼多！怎麼樣才能讓他們更快上手？協助他們開發商機，而不是指望他們從一開始就能100％靠自己達成銷售。

- **晉升人選不對**：管理高層為什麼都不去問「業務人員」，來判斷到底誰該被升職？

- **金錢是主要（或唯一）的獎勵**：你忽略了比較軟性但更強大的獎勵形式，如尊重、欣賞和給予樂趣。

解決方案：停止自行發明（然後又打破、重新發明）人才管理流程，白費功夫在別人已知結論的事情上面。接受關於僱用、訓練和激勵人才的專業訓練，或模仿其他公司的做法。

致命錯誤 5：只想「硬推產品」，
　　忽略「找進對的客戶」

如果你在業績或是商機開發上很掙扎，首先要回頭檢視自己。你是否清楚「理想客戶樣貌」為何？你有沒有發現他們面臨的關鍵挑戰？你是否針對最理想的客戶做行銷，還是你針對的群眾太廣泛，導致你的行銷力道被稀釋？

管理高層不願這樣做，因為覺得這是畫地自限，放棄廣大市場的機會。但就像俗諺所說，「專精利基以致富」。想像一條消防水管，如果它噴嘴太廣，就沒辦法噴很遠；但如果噴嘴縮到像雷射一樣窄，水柱甚至可以打穿一道牆。也就是說，同樣的水量和能量，卻可因為集中度的不同，導致結果天差地遠。用同樣的思維來考慮傳遞訊息的方法，它足以穿透市場雜訊和大眾的漠不關心嗎？

此外，公司喜歡談論它們是做什麼的，以及它們是誰。例如：「我們是在某某領域領先的平臺……」。其實沒有人關心你在做什麼，他們只關心你能為他們提供什麼。你是一個「平臺」？嗯，這對客戶有什麼價值？你的產品能帶給客戶任何改變或影響嗎？

高層至少需要花25％的時間在客戶身上，才能「和真實情況不致脫節」。

解決方案：多和客戶溝通，弄清楚你能為他們做什麼，而不是你怎麼做出這些產品。把這些訊息整合成一頁文件，訊息簡單明確，並分享給全公司。同時與客戶定期透過面談或電話聯繫。

致命錯誤6：糟糕的追蹤和檢測標準

沒有可重複的流程，就不可能獲得可預測性。如果你無法規律地衡量出重要的數據，你無法找到可以重複擴大戰果的關鍵因子（重要數據可不包括業務員每日撥打電話的數量）。

● 你是否能有效衡量你的業務、行銷活動和結果？

● 如果你做不到，是哪些事情耽誤了你？你是否老是聽到：「我們下週、下一季或明年就會做……」？

● 除非你完全瞭解哪些行得通、哪些行不通，否則你永遠只能用猜的，妄想這麼做能夠改善。

　　如果你只追蹤5個指標，在你的銷售自動化系統儀表板裡盡可能地追蹤：

1. 每月新增的商機數目，還有它們的來源。

2. 從商機到機會的轉換率。

3. 每月所有符合資格的機會總數，以及在銷售管線內的總金額價值。這是營收最重要的領先指標！

4. 每月從機會到成交的轉換率。

5. 將營收分成三種類別：新業務、加值服務業務、再續約業務。

　　解決方案：現在起，開始追蹤3～5個關鍵活動或結果指標。不斷實驗追蹤新舊衡量標準，看看如何使用它們來提昇你的業績。每週與核心團隊檢討一次。

致命錯誤7：
命令與控制型的管理方式

你是否覺得直接叫人照著做，會比指導他們、讓他們自己完成任務還來得容易，儘管這種做法耗時更長，且花費更多你的精力和注意力？

其實你不是唯一有這種想法的人。你很難長時間專心支援你的團隊，而且你常常會有「他們是成人，他們可以自己搞定」的念頭。

這種做法的危險在於，最後你只會將員工當作資源，而不是在關鍵情況下可以做出很棒的貢獻、充滿潛力、活力和想法的人。在現實生活中：

● 大多數員工有想法，想要做出超越他們角色設定以上的貢獻。

● 大多數員工想要有所作為和被啟發。

● 大多數員工想要樂於助人、互相信任和容易溝通。

● 對大多數的員工來說，如果老是被人交待要怎麼做，不只主管會覺得很累，員工本身也會有相同的感受。

你要怎麼做，才能充分利用員工充滿創意、靈感與產值的建議？目前已有許多具成效的做法。

解決方案：讀理卡多・薩勒（Ricardo Semler）所寫的《七天都是週末》（*The Seven Day Weekend*），或是去www.worldblu.com網站瞭解更多以民主制度方式運作的公司，或者讀我的著作《執行長流轉：將你的員工轉變為迷你執行長》（*CEOFlow：Turn Your Employees Into Mini-CEOs*）

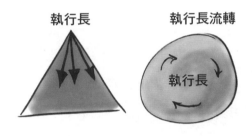

附贈的錯誤：
投注太少資源於客戶成功

執行長和管理高層太專注於獲得新的客戶，卻經常忽略當前和過去的客戶，處於創辦初期的公司最常發生這種問題。

如果現在公司有一個員額空缺，你應該要僱用一名業務員，還是客戶管理人員？高層的答案幾乎總是業務員。

忽略現有客戶的管理，不持續提供客戶支援，等於是在自掘墳墓。

現在是「即時報應」的時代，不用等到下輩子就看得見後果。客戶體驗無論好壞，消息都會迅速傳播，老鼠屎壞了一鍋粥的速度比以往更快。

2008年的時候，我有一個客戶正跟一家銀行洽談大案子，已經開了兩次銷售會議。銀行內部有他們的關係人，會議狀況也感覺良好。

開完會幾天之後，關係人聯繫他們說：「身為你的朋友，我想讓你知道，我們發電郵詢問了許多家我們所知道有使用你們軟體的公司。儘管你是我個人最喜歡的公司，但是所有客戶給我們的答覆都說，你們的服務很糟。你們恐怕機會渺茫了。」

每個業務副總當然都不想收到這種令人難堪的消息。

解決方案：緊緊握住你前50位客戶的手，給他們更多的愛。這不需特殊流程或魔法，就是打電話給他們、拜訪他們、和他們對話！如果他們有任何建議，問問看他們需要什麼。請教他們的意見，然後做點改變。

Chapter 8
將組織打造成銷售神器

這是基礎知識。
記住,要區隔化、區隔化、區隔化!

快樂的顧客創造非凡成長

收入上億的公司，如Salesforce.com、Facebook、Zappos和Google，都有什麼共通的特點？答案是，顧客信賴、顧客成功、顧客幸福與顧客快樂。

為了讓顧客滿意、成功、快樂，你做了哪些努力呢？

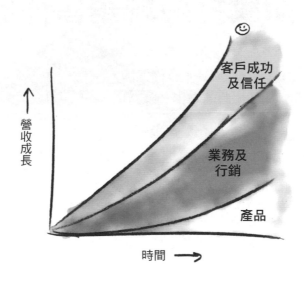

銷售1.0（推銷力）和
銷售2.0（吸引力）

網路改變了一切，讓商業和銷售的模式大幅轉變。

過去，銷售的模式就像是有人用手指著你說，「要買嗎？」
（戳一下）、「要買了嗎？」（再戳一下）、「要買了沒？」
（又戳一下）……直到你妥協讓步買下商品，即便購買只是為了
讓對方不要一直糾纏你。

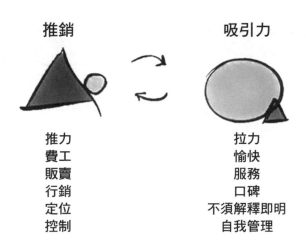

推銷	吸引力
推力	拉力
費工	愉快
販賣	服務
行銷	口碑
定位	不須解釋即明
控制	自我管理

過去，成功的銷售也幾乎都跟控制和操控有關，重點在完成交易、上線使用，不太擔心後續會發生什麼事。企業可以賣出昂貴又劣質的產品，接著拍拍屁股走人，客戶至少要一陣子之後才會發現。網路時代來臨之前，我們真的很難發現有多少客戶對商品不滿意或是失望。

現在一切都改變了，網路讓我所謂的「即時報應」時代化為真實。假如你做了好事或壞事，你就會獲得現世報，不用等到下一世。

優良的企業都知道，完成銷售只是讓客戶連續幾年都成功的第一步。

在我們當下所居住的「吸引力」世界中，銷售並不是被動的行為。你依然可以非常積極主動——不過基調已經改變了。與其以催促、死要錢又常是假惺惺的模樣，現在的銷售是要心懷敬意、帶有使命且能為潛在客戶提供價值，就算他們尚未成為你的客戶。業務員應該要做到「和氣地堅持下去」。

什麼改變了？

銷售 1.0	銷售 2.0
所有業務員都要負責開發	由專門的團隊負責開發
態度是「一定要成交」	態度是「和客戶是否適配」
評量基準是「業務活動」（每日撥打電話數目）	評量基準是「成效」（合格的商機數目）
打陌生推銷電話	進行研究，撥打給轉介而來的對象
操弄業務技巧	真誠正直的方法
我痛恨這工作	我是在學習有價值的技術
冗長的郵件內容	短而吸引人的郵件
銷售系統其實是產能殺手	銷售系統可以提昇產能

打造銷售神器的九大成功原則

　　儘管本書多半在談，你應該透過銷售神器「做什麼」，才能創造可預測營收。然而，「怎麼做」也同樣重要。

　　日復一日遵循以下9大基本原則，就可以在打造自己組織內的銷售神器時，大幅提昇效率。

1. 保持耐心。

取決於你的公司狀況，開發能產出可預測營收的銷售引擎，可能要花上4～12個月，甚至更久。以B2B銷售來說，即便是單單一項新專案（例如創造商機的活動），也要花上好幾個月的時間，才能準確定義、犯下第一個錯誤、修正錯誤、看見營收，接著最後才得以整合並變成習慣。

2. 進行實驗。

以各種方式實驗並持續做下去。使用A／B測試法，對50位潛在客戶採用2種不同的推銷話術或是電郵內容，看看哪一種比較有效。做任何事情時，都應用此概念，測試成果為何。

3. 不要承接單次的專案計畫，除非這是為了未來、有學習價值的實驗。

如果這計畫不會重複進行，就不值得你去做。即使能很快拿到酬勞，只做一次的業務都會害你分心，讓你無法將精力集中於持續的努力。

4. 擺脫 Excel 試算表！

制定一個規則，假設「它」（機會、訂單、客戶等等）不在你的銷售自動化系統之中，它就不算是存在。舉例來說，業務員只應該以自己銷售系統中所呈現的交易和資料來獲得獎金。銷售報告要盡量透過Salesforce.com（或是任何你主要指標的追蹤系統）內部來產生，而不是透過Excel試算表。

5. 用流程圖的形式，描繪銷售的運作方式及運作流程。

你公司的商機創造和銷售流程是什麼？你能夠在紙張或白板上簡單描繪出來嗎？假設不能，問題就大了。我不鼓吹使用複雜流程圖，因為我很容易搞混，但就算只畫出3～7個概略的步驟，都將對參與流程的人很受用。

就從定義團隊或是某個流程所渴望看到的成果開始。銷售要有怎麼樣的流程，才能產生那樣的成果？這個步驟是今天才臨時完成的嗎？描繪出流程圖，是讓流程變得有條理的首要步驟，進而能夠預測團隊渴望看到的成果。

6. 專注於成果，而非行動。

例如，追蹤每個月創造的合格機會數量，比專注於每天撥打多少通推銷電話更有意義得多。

7. 追蹤少數重要的指標。

你很容易會關注太多項報表和儀表板，導致最後儀表板變得一團亂，塞滿太多報表與指標，難以把心力放在最重要的部分。跟你的團隊合作，將各指標的優先序順序排出來。要以少而精的心態來思考，而非注重數量。

創造商機和業務開發有5項最重要的指標：

- 每月創造的新商機。

- 每月創造的合格銷售機會。以及，本月新開發的合格銷售管線中，總額價值多少錢，這是預測未來營收的最佳指標。

- 商機變成合格機會的轉換率。

- 訂單總量或營收總額。區分為「新業務」、「加值服務業務」、「再續約業務」。

- 贏單率。在新的銷售管線中，有多少比率能夠順利成交？

8. 注意跨部門的「交棒」。

每當一個流程跨越不同部門，如行銷部門將商機交給業務員，或業務員將新客戶交給專業的客服部門等等，這就叫做「交棒」。銷售流程中的問題和瑕疵，80％是由交棒所引起。請重新規劃如何傳遞棒子，確保過程平順無礙，不會「掉棒」。

9. 如嬰兒學步，一步一腳印！

持續一點一滴地累積進步。如果你能這樣維持，這些進步就會隨時間更迭，累積成大幅的改變。還記得我在第一點說到了耐心嗎？許多公司相信他們可以做到超過自己能力的更大幅改變，速度可以快到不可思議，最後只落得貪多嚼不爛，染上「向前一步、倒退兩步」的症狀。

分離四項核心業務職務

打造高產量、現代化的業務組織需要在職位上做出區隔——老實說，這是Salesforce.com擁有如此驚人產能和成功業務組織的最大原因。

最可怕的產能殺手，就是把不同的責任歸屬，例如源自網路的未驗明商機、開發客戶、銷售成交、客戶管理等等，胡亂歸併為一個廣泛的「業務」職位。

效率低落來自於「胡亂歸併」

- **缺乏專注**：業務員要同時背負太多責任，降低了他們完成任務的能力。業務員常被認為有注意力缺乏症的問題，如果交給他們更多責任，怎麼會有幫助呢？例如，對業務員來說，驗明源於網路的商機，遠比管理現有客戶更令人分心又價值低。除此之外，管理現有客戶的龐大資料庫，也是讓業務員無法專注在成交新客戶的因素。

- **更難發展人才**：如果你只有一或兩種類型的業務職位，招募和發展新人才就會更困難了，因為你沒有能讓人才逐步晉升的職涯階梯。這很不幸，因為從自家基層培養的業務，通常都是最優秀的人才！

- **模糊的管理指標**：如果所有職務都被胡亂歸併成同一單位，那麼要分類並持續追蹤關鍵指標，如自來客戶量、有效與轉換率、顧客成功率等等，就會很困難。區分出不同職位，等於更容易在流程中拆解成不同步驟，也代表能設定出更好的指標。

- **難以看見問題點**：當事情進展不順時，如果你是胡亂歸併不同業務成同一性質，無法讓真正問題浮出水面，更難找到責任歸屬並解決問題。

4項核心業務職務或主軸

以下是4項基本的業務職務或主軸。我會用「主軸」來形容，是因為當你的組織更龐大，這4項職務都可再加以細分。

1. **「自來」商機驗明**：通常稱為市場回應專員。他們負責驗明源於網站或免費客服電話詢問的商機。這些商機的來源是行銷專案、搜尋引擎行銷，或者從口碑而來的有機成長。

2. **「向外」開發／陌生電銷2.0**：通常稱為業務開發專員或新生意開發專員。這個職務會從目標客戶名單中進行開發，希望從陌生或不活躍的客戶之中，開發出新的銷售機會。這是一組致力於主動開發生意的團隊。

   高效率的向外開發專員或團隊，「不會」負責達成交易，而是創造並驗明新的銷售機會，接著轉交給業務專員來進行談判和成交。

3. **業務專員或客戶經理**：他們是有業績目標額度，負責成交生意的人。他們可以是內勤或外勤業務員。最佳的做法是，就算一家公司已經有客戶管理／顧客成功經理的職務，業務專員還是應該要跟已成交的新客戶保持聯繫，直到對方開始上線使用服務為止。

4. **客戶管理／顧客成功經理**：這些人負責協助顧客上線並獲得成功，不斷進行顧客管理和更新現況。在現今的「即時報應」世界中，需要有人致力於讓顧客成功——這可絕對不是業務專員的責任！

如果你還沒有區隔化你的部屬，以符合這些職位的種類，這就是你該著手處理的第一要務！想要有效率地增加成效，就必須做出區隔化。

何時該區隔化？

我常常聽到「我們規模太小，還不能區隔化」這種話。就算你只有少少幾位業務員，事情發生的速度總是比你想得還要快。在有了能達成交易的業務專員之後，你所僱用的第二位人員，就應該是能致力於為第一位業務專員產生商機的業務開發專員。

第二項基本原則是80/20原則。當你的專員們整體來看已經耗費20％時間在進行次要任務時，就要把該項任務分離出來，變成新職位。

將你四個核心業務團隊做出區隔

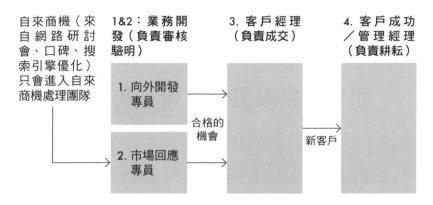

舉例來說，如果某人的首要任務是向外開發商機，當他開始耗費超過20％的時間在驗明自來商機時，就該區隔化、開設獨立的新職位，以回應自來客的商機需求。

同樣的道理，如果外勤業務員耗費超過20％的時間在開發新客戶生意，而非從現有銷售管線和客戶資料庫中開發生意，你就該檢視自己該如何區隔化，減輕他們陌生開發的工作負擔。

無論你有多少業務專員，若是你每個月都有數百個自來商機，你就應該要有內勤的市場回應專員，負責驗明這些商機再交給業務員。如果你已經有3～4位業務專員，就不要再僱用同樣職位的人員，而是該考慮僱用能全心全意尋找新客戶的向外開發業務專員，以提供足夠商機交棒給業務專員。

你可以在www.PredictableRevenue.com，找到關於自來商機管理、陌生電銷2.0……等主題的線上簡報。

如果你是跟業務主管交易……

如果你們的產品是要賣給業務主管，就將你的會計年度改到一月三十一日或二月二十八日。對方已經在忙著嘗試成交自己的生意了，你何必在同一時間來攪和，把你的人生搞得更困難呢？Salesforce.com很瞭解怎麼跟業務主管打交道，所以它們把會計年度訂在一月三十一日結束。

不要期待你在接近月底或季末時，能夠像以往那樣收到來自業務主管的電郵或電話回應。尊重他們，等到他們業績衝刺期結束的幾天之後再致電。

同樣的道理，多數業務主管都有智慧型手機，因此在聯繫潛在客戶時，要傳送易讀好回覆的簡短電子郵件，而且內容不要讓客戶進行太多思考和處理。

如果你不是跟業務主管交易，不適用於這個例子，想一想，你要怎麼做，才能更容易促成購買？客戶的商業模式、所面臨的挑戰、週期性特質等等，有哪些是你能夠避開、不需要逆水行舟的呢？

以徹底不同的願景來打造業務團隊

我對科技公司有願景，這願景在其他類型的服務和製造公司已經發生。

多數科技商業服務B2B產業的管理實務，在許多層面上就像是製造業，包含舊時巨擘，如通用汽車（General Motors）；或是以精實理念在近代超越它們的新巨商，如豐田汽車（Toyota）。

我想要看見更多公司的管理和業務模式，進化為「大商業單位中內有商業單位」的集成。除了將整家公司純粹根據功能（如業務、行銷服務）被分割成不同團隊的傳統做法，現在應該要把員工分成微企業單位（mini-business units），在此單位內各有不同功能、類型的職位角色。

　　舉例來說，如果你不採用讓一大群人各自組成不同團隊，只單純做業務、支援、行銷的做法，反而是重組這些員工，好像成為一串零售業的供應鏈，其下有多個微企業單位（零售商）所組成呢？

　　假設你是軟體公司好了。要是你創造一個「豆莢團隊」的微企業架構，各團隊有著各自的管轄區域，每個團隊都包含1名行銷人員、2名內勤業務員、2名外勤業務員，1名客戶管理員、2名支援人員，1名技術專家／業務工程師呢（以上的人數純屬舉例）？

　　要是微企業中的每個人，都可以從彼此身上學習到客戶需求和經驗呢？想像你的業務員，他在跟其他同僚受過基本業務訓練後，坐在行銷人員和支援人員旁邊……業務員不就很可能從行銷和支援人員身上，學到如何讓銷售更有效率，如何以客戶的語言說話，如何避開問題客戶，如何設立期望值，如何獲得更多介紹和贏得更多成交量嗎？

　　行銷人員不就會藉由聽到業務員銷售的方式，學習如何讓行銷更有效率嗎？不就會從支援人員身上學到，客戶實際上是如何使用這項產品嗎？

　　至於支援人員，不就能在問題惡化前，阻止問題發生嗎？因為他們能夠從客戶進入銷售週期的那一刻起，就已經在觀察客戶的生命週期了。

　　要是你使用跟總部完全相同的關鍵管理指標，來考評和獎酬微企業呢？例如微企業的營收、獲利率和投資報酬率。

　　要是團隊中其中一人是迷你執行長，像零售商店長或部門總經理那樣營運團隊，負起微企業的財務損益責任：包括聘僱、解僱、訓練、顧客滿意度和業務呢？

　　想像你可以透過這種方式，來培養這種人才——可以在你的公司內真正擔任迷你執行長，不需要你牽著他們的手指引，就可以將企業提昇到下一個等級。

　　我知道有人正在科技業或其他高價值服務型企業做類似的事。我希望大家能聯絡我，分享你的制度和故事，告訴我哪些可行、哪些不行！

Chapter 9
培育你的人才

你和你的團隊能否成功，人才的品質至關重要。
中國古諺有云：
「一年之計，莫如樹穀；
十年之計，莫如樹木；終身之計，莫如樹人。」

有快樂的員工，才有快樂的顧客

還記得「快樂的顧客才能創造非凡成長」這個概念嗎？開始培育優秀的公司文化吧！

為了讓員工能夠真正享受工作，你做了哪些事？身為執行長或領導者，你所設立的模範，不論是正面或負面，都會透過公司和文化產生漣漪效應……

瀑布

流動：
這是施壓
還是信任？

執行長
管理階層
員工
客戶
潛在客戶
成長？

從哪裡聘請優秀的業務員？

大家總是問我這個問題。當然，要找到優秀人才向來很困難，不論是業務或是其他部門都一樣。長期來看，最理想的業務員來源，就是培養你自己的人馬。

讓1名資深業務員搭配3名聰明、適應力強的新手，一步一腳印，建立一個持續讓員工挑戰自我，學習新事物、發展長才的系統。最優秀的業務員，其實就是在你們自家培育出來的人才，因為他們從裡到外都熟悉自家的產品、顧客與公司。

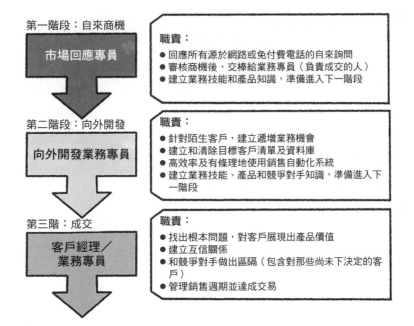

第一階段：自來商機

市場回應專員

職責：
● 回應所有源於網路或免付費電話的自來詢問
● 審核商機後，交棒給業務專員（負責成交的人）
● 建立業務技能和產品知識，準備進入下一階段

第二階段：向外開發

向外開發業務專員

職責：
● 針對陌生客戶，建立遞增業務機會
● 建立和清除目標客戶清單及資料庫
● 高效率及有條理地使用銷售自動化系統
● 建立業務技能、產品和競爭對手知識，準備進入下一階段

第三階：成交

客戶經理／業務專員

職責：
● 找出根本問題，對客戶展現出產品價值
● 建立互信關係
● 和競爭對手做出區隔（包含對那些尚未下決定的客戶）
● 管理銷售週期並達成交易

創造農場團隊體系

想想看你要怎麼為員工創造一條職涯道路，持續開發和培育員工。讓每一組團隊都可以作為下一組團隊的肥料。以下是一個新創／小型業務團隊的實例。

● **市場回應專員**：負責回應源於網站的商機。

● **業務開發專員**：負責聯繫陌生客戶，開發新銷售機會。

● **客戶經理／業務專員**：負責達成交易。

你可以建立更精準、層級更多的制度。底下的例子是一個規模較龐大、職位更多的組織，每個職位都能協助員工在下一步獲得成功：

1. **行銷實習生或行銷活動派遣人員**
2. **內勤業務開發專員**：負責驗明自來商機
3. **內勤業務開發專員**：負責向外開發潛在客戶
4. **內勤業務專員**：負責中／小型企業
5. **內勤業務專員**：負責小型外勤交易
6. **外勤業務專員**：負責中階市場客戶
7. **外勤業務專員**：負責企業客戶

　　以上甚至還沒包括客戶管理、業務工程師、客服支援，以及其他總是從將人們帶進來而受益的顧客相關團隊。

　　你的員工越是接觸到更多不同種類的歷練，並在其中發展自身專長，他們就越有能力成為替客戶解決問題的頂尖專家！不論他們身處公司內的哪一個職位，不論他們是否要面對客戶，這都是好事一件。

晉升時機

　　你如果要將員工升遷到任何一個更高的位階（或是輪調至另一組團隊），可根據現今的職位判斷。假使他們目前處於體系中的初階職位，快的話在6～8個月內即可執行；至於其他階級的職位，可以在1～3年內調整。

　　任何將某位員工輪調至新職位所花的短期成本與努力，都將被未來他變成更專業、更成熟的人才所帶來的龐大利益給完全賺回。輪調引發的重新學習曲線，會讓員工活力充沛，更廣泛地理解顧客需求。

最優秀的業務員是這種人

聘僱和升遷時要小心謹慎！最優秀的業務員，比較像是懂得銷售的顧問或商人。此外，他們也是這種人：

- 傾聽的時間遠大於發言的時間。
- 問題解決者。
- 瞭解客戶的產業／企業／需求。這是建立客戶信任、明白如何解決他們的疑難雜症之關鍵。
- 相信自家的產品和公司。
- 展現不容質疑的正直。
- 透過內部人際網路，能夠靠自己做完事情。

你僱用的是這種類型的人才嗎？你有為公司的面試官寫過一張「理想員工」的描繪，協助他們瞭解要僱用哪種人才，以及如何面試嗎？

你是如何訓練和培育你已經僱用的人才？倘若你沒有準備好某種訓練或培育計畫，恐怕人才不會常常出現。即便是每週1小時（例如在星期二或三的下午）的團隊訓練課程，也可以大幅改善團隊的業務技巧。

你該考慮聘請無底薪、純獎金制的業務員嗎？

就我協助過的95％公司來說，我不推崇僱用純獎金制的業務員。每一位主管都清楚怎樣的制度最適合自己的市場和企業，但我很難想像在哪種情況下，我會建議你僱用無底薪的業務員。唯一的例外，是那種眾所皆知會僱用純獎金制業務員，且行之有年、成為常態的產業，例如金融服務業。

你創造的環境會決定員工成功與否，純獎金制沒辦法讓人覺得業務主管或公司是真心想幫助業務員成功。

純獎金制的優點

● 減少僱用的風險。但依舊存在時間成本與機會成本。

● 業務員都有強烈的動力去達成交易。

純獎金制的缺點

- 如果你的業務週期長達1～2個月以上，純獎金制的業務員在實際成交足夠的生意量之前，就會餓得苦哈哈了。你還來不及看出他們是否真的適合這職務，他們就撐不住而離職了。

- 公司反而會吸引更多無法找到好工作的菜鳥業務員。

- 為了拼獎金，純獎金制的業務員會更有動機以「錯誤的方式」成交生意。你不會希望讓這種不惜鋌而走險的業務員來代表你的公司。他們會加重你的負擔，降低顧客成功與滿意度，破壞公司文化和團隊士氣。

- 獎金起起伏伏，缺乏穩定收入來源，代表你的業務員會更常出現財務問題，導致他們無法專心在工作目標上。

　　如果你的公司是在銷售標準化產品，且有「優勝劣敗，適者生存」的高流動率公司文化，或許僱用純獎金制業務員不失為一個做法。

　　但如果你想要打造一個高價值的業務戰力，能夠針對客戶問題來銷售解決方案，那麼團隊和公司投資在業務人才身上、期望他們成功，將會讓這些業務人才甘願賣命。

內部訓練會打造更好的業務力

持續的訓練會是最便宜也最簡單改善團隊表現的方式。沒錯，這真的是最簡單的方式。這需要奉獻和集中精力，但肯定永遠會是最棒的時間投資。

最棒且最便宜的員工投資，就是持續不停、定期訓練、經常指導，特別是針對新進員工。我不斷看到定期訓練帶來的差異有多大，包括提昇業務技巧和成果、降低員工上軌道所需的業績增溫時間、增加「升遷力」──對，這是我私造的新字，但這個概念超棒！

員工無論是在公開演說、應對客戶拒絕、電話推銷技巧、產品展示或個人／職涯發展上，只要透過監督演練狀況，並給予意見回饋，便能為業務團隊帶來戲劇化的顯著進步。

可行的方式

● 有不間斷、規律的訓練課程。

● 其中包含實戰練習／角色扮演，並提供有用的回饋。

● 課程設計得有效率，讓業務員值得花時間上課。

● 堅持跟進每件事，包括維持訓練計畫、檢查進展、保持新鮮感，別只是為做而做，不注重成效。

最後，要讓訓練成功，最重要的就是執行長和銷售副總能夠將規律訓練堅持到底。我預料你會碰上一些麻煩的內部阻撓，需要花幾週、幾個月甚至幾季之後才能克服。內部訓練只有在管理團隊相信且願意投入時，才會得到應有的關注和足夠時間。

堅持到底的重要性

曇花一現、沒有堅持到底的訓練計畫，實際上會減損業務表現，因為：

1. 任何進展都無法持久。

2. 你浪費了時間和資源，投入在曇花一現的訓練計畫。

3. 你的團隊會知道你或組織沒有真正奉獻心力在訓練上……那他們又何必認真參與呢？

為了讓公司的生產力獲得持續助益，你必須要堅持跟進訓練的每一部分，展示出管理團隊的全心投入。如果你不全心投入，你的業務員也不會。

新進業務訓練計畫和業務實戰營

　　你的公司有為新手業務員和新人準備的正式入門訓練嗎？舉例來說，辦一個「業務實戰營」，在訓練營的尾聲讓新人練習如何執行首次的業務簡報和產品展演，並給予認證？

　　一開始，新人應該根據表現接受評比。一段時間過後，業務員每年都要重新接受產品和競爭者知識的再認證，因為這兩大領域常常日新月異。

將訓練與職涯結合

　　把內部升遷管道當作訓練員工的額外機會。當業務員想要升遷，依據他們目前工作經驗的階段，用模擬的銷售狀況來測試他們。舉例來說，資淺的員工可以透過「初次客戶推銷」簡報（對潛在客戶公司親自進行初次簡報），當作他們的升遷面試。

　　這讓負責面試的業務經理有機會評估員工的潛力，同時也鼓勵業務員花心力培養他們所需的技能（公開演說、應對拒絕等等），好提昇到下個業務階段。

最佳業務訓練方式

　　角色扮演是最棒的訓練形式。就算是跟臨場「電話銷售」訓練相比，角色扮演訓練最受我喜愛的一點，是你可以一次又一次地暫停，重新開始整個訓練或過程中的任一部分。

　　你可以利用角色扮演，訓練員工進行電話銷售、產品示範或現場簡報。

實務做法

　　首先，將角色扮演列入新人和定期團隊訓練的課程中。讓我們用角色扮演式電話撥打訓練來解釋進行的方法吧。

- 以下的場景是為團體而創造和敘述。假設有一位業務開發專員，要打給奇異公司的行銷副總，或是對2位該部門的經理撥打試探電話。

- 選一位受訓者。

- 選一位或多位同事扮演該公司的潛在客戶。在單次通話或產品展演中，你可以挑不同人扮演不同角色，如執行長、業務副總等等。

● 準備接受訓練的員工，在他們的辦公桌或其他房間就位。

● 剩下的人統統進入會議室──包括業務團隊的其他員工，這樣
他們才能觀摩到整個過程。

● 受訓者打電話到會議室給角色扮演的人……接著就開始囉！

扮演客戶的員工應該要挑戰受訓者的能耐，但不要太過刁
難，免得他們滿心受挫，沒學到任何事。

你會發現，開始扮演角色比你想像中要簡單，特別是如果你
有好演員的話。順道一提，不要忘了注意「有創意」這一類型的
員工！

每週自主召開
「業務力大學」訓練會議

有些訓練可以被設計成自主召開，不需要指定主導人。
我的團隊每週三下午都會舉行「業務力大學」（Salesforce
University）會議，持續自我精進學習。我們模仿了國際演講協會
（Toastmasters）的模式並加以調整，以符合我們獨特的企業層面
需求。

這是一種自組織學習。每一週，都會有人自願負責下一週的議程和會議。議程通常包括10～15分鐘為一個段落的多種主題，像是：

● 產品或業務訓練。

● 一般性的企業主題，例如瞭解財報或如何管理員工。

● 公開演說。業務員會在整個團隊面前練習發言，並聆聽即時回饋意見。

● 什麼都好。任何議程決策者覺得好玩而想要放入的內容。

會議主持人不用為下週的會議設想實際內容。他們只負責找講者、組織講者、舉行會議。這是培養他們具備最基礎的迷你執行長能力的機會。

以下是業務力大學的議程實例：

1. **會議主持人開場（1分鐘）**：會議準時開始。介紹第一位講者。讓會議順利且準時進行。

2. **業務技巧一（10～20分鐘）**：我們通常利用這段時間做公開演說／簡報技巧的練習，從簡單的初次簡報，到完整的業務角色扮演練習，包括企業情境、推銷、應對拒絕、競爭。往下進行之前，會議主持人會要求團隊即時回饋心得給講者。

3. **快速問答（10～15分鐘）**：組員要準備4～5題潛在客戶通常會問的問題，點人回答問題，給他們施加壓力！每個問題的答案，都要在1～2分鐘之內簡短結束。每次回答結束，其他組員要迅速分享心得，並提供更好的答案建議。

4. **業務技巧二（10～20分鐘）**：第二次小規模的會議，練習公開演說、電話角色扮演、產品示範等等。

5. **優質新實務技巧（10分鐘）**：這主題的報告人會分享他們最好的實務技巧，或從同事身上發現值得分享的技巧。

6. **產業／垂直領域學習（15分鐘）**：每週我們會選擇一個垂直領域，讓某位同事去研究。他們要帶來能夠幫助開發、使銷售更有效率的資訊，例如專業術語、商業模式適合度（或是缺乏度）、精準的試探問題、現有的參考客戶名單等等。這部分的主講人，最後會成為團隊中關於這領域的專家。

7. **會議主持人做結尾（5分鐘）**：以下列要點結束會議：

- 要求組員針對這次業務力大學的模式提供回饋，確認下週應該要改變模式嗎？
- 選擇下次會議的主持人。
- 選擇下次會議負責提供內容的報告人。

新任主持人將新的角色記錄下來,他們要負責成功舉辦下週的會議。

會議時間平均為一小時到一小時半,主持人要負責讓會議準時進行,這是另一項優秀的迷你執行長技能。我們不時會籌辦特殊會議,像是要求全體組員參加的產品展演實作練習。

主管唯一的參與是陪其他人坐在會議室裡,跟講者分享回饋;有必要的話,指導主持人。我必須要有意識地克制自己的活躍程度,不要去「管理」組員。我越是干涉會議進行,員工就越沒有空間參與和分享意見。

業務力大學會議的主持人,先前可能沒有舉行會議的經驗,他們有義務去尋求關於成功舉行會議的協助和建議。他們身邊不缺專業人士的協助,因此就沒有藉口不去實際尋求幫助。

藉由一次又一次的會議角色輪替,以及其中的回饋機制,會議就會變成能自行永久運轉的引擎。

Chapter 10
領導和管理

從一個人日常的自我領導，
就能得知他領導別人的能力。
——托馬斯・約翰・華森（Thomas J. Watson），IBM 第一任執行長

管理者的六個責任

以下是一套不說廢話的管理模式：

1. 謹慎用人
2. 設定期望和願景
3. 消除障礙
4. 激勵下屬
5. 服務下屬
6. 不斷改進

1. 謹慎用人

僱用有才幹及有適應力的人，而非有經驗的人，通常是比較有道理的做法。隨時間過去，能夠適應環境和職位變化的人，才是最好的員工。求知若渴、學習速度快的新人，能在6～12個月內補足合理範圍的經驗不足，之後的表現便會超越老鳥同事。

我們團隊在2004年表現最佳的業務員，在加入我們之前，從來沒有做過業務相關的工作。如果你有很好的人選，但擔心他們缺乏經驗，那就創造一個「起步」的職位，來測試他們6個月。

2. 設定期望和願景

不要以做什麼活動定義工作職位，而要儘量以結果來看。如果你布局達成結果的流程太僵化，會產生以下問題：（1）使人無法有創意地改進流程，且（2）有些人會始終無法契合此流程，導致表現不佳。

告訴他們該到達的方向，並提供建議與指引，然後讓他們自己找到途徑。

3. 消除障礙

管理者也必須像職業運動協會一樣，在設立並執行規則、界定比賽場地、裁判制度等事項之後，就要退居場外，讓球隊去比賽。如果比賽場地、規則或裁判不夠明確公平，比賽就會因為有疑義、爭議及混亂而中斷。記住：

● 簡潔、明確＝生產力
● 疑義、模糊＝浪費

銷售也一樣，如果管轄區域劃分、接觸客戶時的規則與底限、獎金方案及銷售流程不明確或有混淆之處，這完全只會製造摩擦，既浪費了時間與心力，也徹底缺乏效益。

要為業務員創造沒有摩擦的環境，設立並準時更新清楚的管轄區域、獎金方案及底限／轉換計畫。

4. 激勵下屬

激勵不是要你當啦啦隊，而是去瞭解怎樣能幫助團隊及個人，找到他們的動機以達到優秀，完全發揮他們的潛能。你的個人動機、你自己的潛能，都不是重點。

獎金結構是激勵的一環，但在私人和公眾場合經常肯定下屬、讚揚工作表現，重要性不亞於獎金。晉升的機會、學習或實現特定目標的機會，以及諸多因素，都會影響下屬的動機，或從此缺乏動機。

不幸的是，類似電影《大亨遊戲》這種鬥牛犬式的管理風格，在大眾媒體及部分好鬥的組織中備受推崇。這種管理者對個人和公司長期的生產力很不利。有選擇餘裕的優秀員工會自行離開，公司只剩下找不到其他工作的人。

不過，激勵也不要做過頭。記得要在正面鼓勵與紀律之間取得平衡。

5. 服務下屬

　　你如果在工作中沒有機會學習、成長或晉升，你會滿意這個工作嗎？你的上司會花時間協助你發展嗎？

　　其實下屬的想法跟你一模一樣。花時間主動瞭解每個人的人生／職涯目標，然後努力協助他們實現。幫每個人在公司找到正確的定位和方向，而不是想當然爾、自顧自地將他們放到晉升階梯的下一階。

　　將每一項錯誤，都視為學習和指導的機會。不要認為他們是為你工作，你要培養服務下屬的思維。你越是幫助他們成功，他們就越會幫助團隊和你成功。

6. 不斷改進

　　上述5個步驟，你以後會如何改善？經常重新檢視，隨著公司的成長調整與改良。今天有效的做法，明天可以再精進。

留住明星員工

公司的長期成功，總是取決於維持和發展優秀人才。你正面臨失去明星員工的危機嗎？你是否知道你正處於危機之中，或是要等到他們表示剛接受了一份新工作的時候，你才知道？

這裡提供一個衡量員工滿意度的好方法。在馬克斯‧巴金漢（Marcus Buckingham）和柯特‧克夫曼（Curt Coffman）的著作《首先，打破成規：八萬名傑出管理者的共通特質》（*First, Break All The Rules: What The Worlds Greatest Managers Do Differently*）中，為員工列出12項關鍵指標：

1. 我知道公司對我在工作上的期待嗎？

2. 我有沒有足以讓我妥善工作的資源及設備？

3. 工作時，我是否每天都有機會可以從事我最拿手的業務？

4. 過去7天之中，我是否曾經因為工作表現良好，而受到表揚或讚美？

5. 我的上司或同事，是否似乎真正關心我這個人？

6. 工作場合中，是否有人會對我的成長加以鼓勵？

7. 工作時，我的意見是否受到重視？

8. 我們公司的任務／宗旨，是否讓我覺得自己的工作很重要？

9. 我的公司同事是否致力於高品質的工作？

10.工作場合中，我有沒有最要好的朋友？

11.過去6個月之中，我是否曾經與人談及我的進展？

12.工作上，我是否曾經有學習及成長的機會？

　　管理者要先關注前6個問題。例如，假設員工不知道公司對他們在工作上的期待（第1個問題），或是沒有機會執行他們拿手的業務（第3個問題），幫助他們發展就沒有意義（第12個問題）。

我們如何藉由Salesforce.com的 V2MOM來校準銷售神器團隊

Salesforce.com的執行長馬克・貝尼奧夫（Marc Benioff）在不到10年之間，就讓公司的營收超過10億，V2MOM規劃流程是關鍵性的商業實務之一。

馬克・貝尼奧夫提出一個設立公司願景的專案，並使所有人和團隊都一致執行該願景。V2MOM分別是願景（Vision）、價值觀（Values）、方法（Methods）、障礙（Obstacles）、指標（Metrics）的縮寫。

V2MOM流程幫助公司及其中的團體和個人布局願景，訂出達成此願景最有效的方法並排定次序，事先預測問題，瞭解如何衡量成功。這需要在公司上下所有層級一致進行：以公司為一個整體，以團隊、也以個人為單位。換言之，我創造了亞倫・羅斯個人版的V2MOM。

整個組織上至執行長，下至個別業務員與後援組織，全都目標一致。

　　我們很認真地執行V2MOM流程。單單主管團隊，就花了80～100小時建立執行長層級的願景。當我帶領業務團隊時，我花了大約10～15小時，以團隊討論的方式建立團隊願景，然後每個人再花2～4小時建立個人願景。

　　這樣的投資很值得。

　　以下是V2MOM流程在各層級（5個準則）的例子，你可以學習並運用在你自己的情況。

1. 願景：大局觀是什麼？

　　你接下來12個月的願景是什麼？

- **公司層面**：「完美無誤執行我們證實過的模式，使我們遍及全球的熱情客戶及夥伴社群數量加倍。」

- **團隊層面（我的銷售團隊）**：「透過持續創新和分享專業，讓團隊和公司的成功與眾不同，成為業界產生商機的龍頭。」

- **個人層面（根據我個人的V2MOM）**：「成功帶領團隊成員，目標是即使十年過後，大家仍會把我當成有生以來碰過最棒的主管。」

2. 價值觀:最優先的是什麼?

為了達成願景,我們要時時牢記在心、最關鍵的3個商業價值觀是什麼?

- **公司層面**:「顧客信賴」是我們最重視的價值觀。有一年 Salesforce.com反覆在上線後出現技術問題,危害顧客及夥伴的信賴感。另兩個價值觀是「完美無誤執行」、「顧客成功」。

- **團隊層面**:「堅持」、「效率」、「成功」,每一項都有多重涵義。「成功」是指團隊中的每個成員、業務團隊、潛在客戶及顧客,以及公司內外接洽的每一個人,全都能成功。

- **個人層面**:「親身領導」、「滴水不漏的執行」、「務實創新」。

3. 方法:如何做到?

你要怎麼做才能達成目標?你會創造出什麼?這邊不要列出模糊的通則,而是越清楚、越明確越好。

- **公司層面**:「藉由銷售、服務、合作夥伴影響力……等方法,來增進客戶採用率。」要涵蓋更精準的計畫施行細節,以釐清真正的意義。

- **團隊層面**：「沒有見到業務副總前，絕不接受拒絕。」儘管這看似顯然是銷售上的戰術，但我發現業務新人太容易在被某些人（如行銷副總）拒絕之後就放棄。絕不放棄理想潛在客戶的精神很重要，有必要被強化，因此我們將它列為V2MOM的一項方法。

- **個人層面**：「身先士卒的領導風格。」我絕不會叫別人做我不做的事情。我會盡可能與下屬拉近距離，試著把他們拉進我的世界。

- **第2個個人層面範例**：「成功的團隊是由成功的個人組成……」意思是我培養出由我服務他們，而非他們服務我的思維。專注在使每個人都成功，團隊就成功。

4. 障礙：現在或未來會面臨什麼險阻？

事先找出地雷，計畫出解決或避免的方法。

- **公司層面**：「客戶的公司和資訊部門，都害怕把資料放在自家防火牆以外的地方。」

- **團隊層面**：「認真工作比聰明工作更『容易』。」一再延長工作時間，只純粹代表著不知如何重新設計工作或流程，以便更輕鬆達成結果。在我們的文化中，嘗試解決問題時很容易墮入2種習慣：「砸時間」及「砸金錢」。

- **個人層面**：「團隊會擴大到有17個人直接向我報告的規模。」直屬部屬的人數會是一種挑戰。當團隊變大，人人都會需要更多關注及指導。我發現當團隊人數超過10人時，就很難提供各自所需的個人指導及關注。正是基於這種團隊變大的狀況，迫使我改良體制，創造出同儕之間彼此幫助、互相帶領的自我管理系統。

5. 指標：你要怎麼評量成功？

- **公司層面**：根據營收、產品採用率……等等。

- **團隊層面**：每天打或接電話的數量不列入評量。我們更專注於一系列以結果為導向的指標，如每日對話量、每月的有效機會、每月新管線，及成交的訂單數。

- **個人層面**：我有一些與人生或Salesforce.com職涯相關的目標，如「從明年開始，年收入超過17萬美元」、「獲得亞洲、歐洲、中東及非洲的營運經驗」，以及「在2005年6月完成夏威夷半程鐵人三項比賽」。

三種激勵及改進業務組織的方法

1. 在規劃新方案時，納入業務員的意見

先問問業務組織，他們希望以怎樣的形式在公司內部發聲。他們想要改變什麼？如果由他們負責管理，他們會如何做？

正如在初期產品設計流程中洞見顧客需求很重要，如果在設計流程時的初期就把業務員納入，你會避免很多挫折，並得到更亮眼的業績產出。

你不必要求回饋或想法，只需徵求志願者。人未必想要實際貢獻，但是他們會希望獲得「有機會提供貢獻」的選擇。

總會有一部分人想要主動幫忙，例如提供想法或願意測試這套流程，就讓他們試試吧！

2. 初步測試新的銷售方案

起草方案或規則，然後發給各團隊徵求回饋。進行初步測試（Beta Test），在真正通令所有人執行之前，儘早除錯或找出設計上的問題。

是的，這代表在今年底之前（我知道這很嚇人），你就需要
計畫下一年度的區域和獎金計畫！

3. 滿意度調查

你的業務員滿意他們獲得的支援和工作環境嗎？哪些工具或
環境因素使他們感到挫折？

你可以在大廳逛逛、在銷售會議上丟出問題，或是使用簡單
的線上服務（如www.surveymonkey.com）來進行調查。

在設計業務團隊所使用的產品時，找他們一起討論。儘管這
需要花一點功夫及創意思考，但可以提昇士氣、參與度，並改進
他們的業務工具，這些都能創造更好的成效。

先拿業務組織做試驗，然後應用到全公司。

為何業務員不肯配合？

　　每家公司的主管都愛抱怨他們的業務員（以及其他的員工）很難搞，不肯配合流程、專案或指示。可是，如果你所創造的各種專案、工具及規則，確實能幫助業務員創造漂亮的銷售數字，又能更有效地溝通，難道業務員不會樂意採納嗎？所以，為何他們不肯配合？

　　我會以業務部門這個特定功能的組織為例，來說明如何協助員工以你認為對公司有利的方式完成工作，像是遵循銷售流程。你可以在公司內部各組織應用相同的原則。

　　傳統的業務管理模式，是告訴別人要做什麼，並要他們聽命行事。每個業務經理和主管，都會因業務員不肯按他們說的去做而感到挫折，並抱怨：「他們不肯用銷售自動化系統……他們電話打得不夠多……他們只推銷，不考慮帶給客戶的價值……他們不瞭解獎金方案……我們的訓練課程出席人數少得可憐……他們不做預測……」

　　你可以選擇盡力做徒勞無功的事，繼續試著強迫業務員去幹活。然而，操縱行為是非常痛苦且挫折的事情，對雙方都一樣。

此外，現在的員工都自視甚高、要求很多，不喜歡被人命令去做事且要照章行事，強迫他們根本沒多少效果！

不配合的原因

1. 人討厭被命令要做什麼，強迫人自然會產生抗拒。

當別人叫你去做事，而不是解釋為何某些事情很重要，請求你協助或支援時，你有什麼感覺？你會乖乖聽話，還是會想要故意不做這件事，純粹為了表示他們不能使喚你嗎？

2. 這是應急處置，並非真正解決問題。

強迫人是一種偷懶的做法，代表沒有試著改善設計，尋求更好的用戶體驗。好的設計很難也很費時，而在我們「緊急成癮」的文化，我們傾向以這種方式思考：「怎麼做才能現在就完成？怎麼做才能現在就上市？」在業務界格外如此，我們總是有立刻就要看到結果的壓力！

3. 你打不贏這場「複雜度」大戰

所有的銷售專案、工具、計畫及規則，似乎只會隨著時間演進，變得更肥大、更複雜。到了某個轉捩點，就會複雜到從「有用」變成「廢渣」。在更多功能與可用性之間取得平衡，永遠是一大挑戰。

對抗複雜度的最佳方式，是改進你挑選與啟動內部流程、工具和專案的方式。記得納入下屬的意見！甚至可以考慮找業務員一起討論如何設計新的獎金方案。

功能氾濫曲線圖

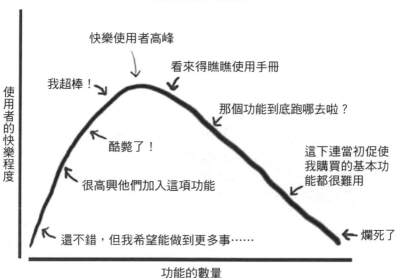

來源：「創造熱情的使用者」部落格（www.headrush.typepad.com）

除非你認真傾聽，否則不會奏效。如果你口惠而不實，只在口頭上宣稱要傾聽、採納意見，就不會帶來改變。更糟糕的是，要人提供建議卻不付諸實行，恐怕會讓你的員工覺得不被重視，導致士氣出問題、績效低落，人人都壓力很大。

不是你的下屬懶惰、固執或在規避流程，他們只是討厭對他們而言沒有意義、缺乏適當說明或不能幫助他們的複雜流程。他們其實喜愛有助於賣出更多產品的直覺式流程和工具。

所以，你要求業務員配合的事情，是真正能幫上他們的忙，或僅是某種程度上對你有利的管理功能？就算是後者也還好，但你需要先對業務員解釋這件事情的重要性，他們才會買帳。溝通的時候，大量使用「因為」這個詞。

業務員都很忙，有許多事情會分散他們的注意力，所以他們本能上會自動排列處理的優先次序。除非你提供的工具或想法可以直觀理解，否則他們不會花心思與精力去瞭解——大家不都是這樣嗎？

獲取下屬協助，以便更妥善地服務他們

從學習如何贏得他們的注意力開始，而不是要求注意力。不要隨便硬塞專案給業務員，你可以嘗試不同的方式：想一想，你是怎麼向客戶行銷的？

　　你從客戶那裡獲得生意與關注。如果把業務員想成是客戶或使用者，把你的工具、業務環境和專案當作「產品」，會是什麼狀況？

　　你能強迫客戶做什麼嗎？不能，你必須設計一個他們欣賞且能改善對方業務的產品或是服務，藉此獲得他們的生意與關注。同樣的道理，也能套用在內部的「客戶」：你的業務員。

　　順道一提，如果你有顧客及行銷的問題，部分原因可能是反映出你對自己員工的內部行銷及服務不管用。

　　想想看，若是把業務組織變成「以業務員為中心」的組織會如何？既然他們才是真正接觸客戶、銷售產品的人，這只會是好事一件。

　　如果你視業務員為客戶，專注於提昇可用性和投資報酬率（以本例來說，是指「投資在業務員的時間所獲得之回報」），你會如何重新設計業務環境、組織及工具？

　　不論你想要業務員做什麼，你是否能讓他們相信值得花時間做這件事，重要性等同於打電話給潛在客戶或顧客嗎？

　　在計畫初期的鑑別、選擇和設計階段，就納入業務團隊參與，使他們能感覺是其中一員，及早回饋意見，並在正式推動時成為新計畫的擁護者。

如何設計自我管理的團隊和流程

準備好把團隊轉變成更具自我管理的能力了嗎？

我們先假設你已經至少做過V2MOM關於「願景」的部分，或是執行過你自己的計畫流程；你的團隊已經建立一個願景，目標是使員工以更具自我管理的制度，轉變成迷你執行長，其中包括完全或一部分的方法。

員工會買帳是因為他們想要更掌控自己的工作，而且他們渴望自我管理。就算是一名清潔工，也會想要自己決定進來打掃的時間。

我建議在全面施行之前，先以一個團隊（例如業務團隊）做測試，進行下面的流程，找出哪些事適合你們的公司文化。在促使文化與團隊朝共同願景持續邁進的過程中，要保持耐心、堅持下去。你要有心理準備，這比想像中更花時間，因為你要做的是改變習慣，但沒人喜歡改變習慣。一開始，先問以下2個問題：

1. 如果管理者明天不見人影，團隊會如何運作？

2. 如果希望讓團隊不只是按目前的水準運作，而是要真正提昇結果的話，必須做些什麼？

　　舉例來說，業務副總有一些各公司共通的主要責任：

- 設立目標並達成
- 親自參與重要交易
- 建立文化
- 獎金——設計、計算、回報
- 人才——建構職責、僱用、解僱
- 指導下屬
- 分析並回報
- 預算／支出
- 流程設計及改進

　　拿起這張清單，從最上面開始，逐條腦力激盪。例如，如果業務副總明天不見了，也沒有人代替他，「設定目標並達成」要如何進行？

　　如果你想不到，或感覺自己想作弊，想假裝唯有某位獨一無二的人才能做好那一項，請記住前法國總統夏爾·戴高樂（Charles de Gaulle）說過：「墳墓裡滿是不可或缺的人。」

　　當你完整確認過這張清單，就會浮現出團隊能如何自我管理的願景。不必想要立刻實行清單上每一點。先選擇幾個（兩、三個）最重要也最容易實行的項目，後續再來處理其他項目。你需要透過初期成功來建立動能。

這對業務副總（或任何主管）有什麼好處？

如果你把主管的所有責任和權力都分出去，難道他們不會備感威脅，認為你不需要他們了？

當然不會！業務團隊越能夠自我管理，業務副總就越能更專注於開發那些「重要但不緊急」的團隊事務，比如人才、文化和願景，而不是每天忙著當救火隊，或是把時間花在「不重要但緊急」的任務。

更好的是，空出業務副總（及其他主管）的時間和精力，他們就更能承擔你（執行長）的責任，你就有餘裕做更重要的事！

明白這是怎麼運作了嗎？你付出什麼，就會得到什麼。給下屬更多自由與好處，你也會獲得同樣的回報。

分配責任時要先運用減法原則

當你檢查責任和任務清單時，這正是運用80／20法則，將不必要的任務排除的好機會。你不要把主管的職責完全分配出去，而是將工作分成兩部分：（1）最重要、必須保留在團隊或公司內的20％，以及（2）可以被排除、自動化或外包的80％。

　　你可以在白板上列出2個欄位：「重要的20％」和「其他的80％」。在80％那一欄，能夠怎樣儘量先排除掉？請以這種方式來檢查責任：

1. 哪些可以排除？
2. 哪些可以自動化？
3. 哪些可以外包？
4. 最後，把剩下的工作委派或分配出去。

　　對於不能排除的工作，你能如何使用執行長流轉的核心價值觀「透明與信賴」，來排除80％的報告、監督、檢查和審查？你可以從我的著作《執行長流轉：將你的員工轉變為迷你執行長》，在「透明的功效」那一章中找到例子。

　　例如，不採用預先核准支出的流程，而是試著除去整個核准流程，透明公開個人或團隊的支出與預算。

　　在這種支出制度下，建立一項個人在支出費用之前，須先徵得別人建議的流程。此流程可以是由同儕核准支出，而非等主管處理。結合同儕審查及透明化，會比管理規則和章程更有用，也更具生產力。

　　在盡可能排除與簡化工作之後，再找出能夠自動化或外包的工作，這樣做既能省時，又能改善結果。

在你盡可能制定排除、自動化及外包工作的計畫之後,就進入委任階段。

藉由子團隊和團隊領袖來分配管理

這裡我會使用幾個術語:(1)「團隊領袖」及(2)「『某個特定功能』領袖」,例如「訓練專案領袖」。

當團隊成長到8~10人以上時,就很容易失去小團體的親密感。人們開始在群體中感到無所適從,或陷入更糟糕的狀況,感覺他們可以隱身其中。

當我的業務團隊成長到有15名直屬下屬時,我已經無法給予每個人應獲得的關注。於是我將團隊分成3組子團隊,每一組5人。每個子團隊都選出一名「團隊領袖」,職責類似小隊長,能夠最有效地支援他們個人銷售成功。

這些團隊領袖不是主管,而是肩負較多責任的業務員,要確保子團隊運作順利。他們是我的迷你執行長,取代我每天(對我而言)低價值的任務,如獎金報告(但對他們而言是高價值任務,因為他們還在學習與成長)。雖然我通常不會讓一個人在我的團隊待超過8個月,因為我們成長得太快速,加上我一直拔擢人才,但我會建議你安排大家輪流擔任團隊領袖的角色,大約每3~6個月調整一次,使不同的人可以發展並操練領導技巧。

建立沒有單一團隊領袖的次團隊

　　另一種建立能自我管理的團隊之方法，是建立功能性領袖，把責任分散在團隊中，而不是委由團隊領袖完成。例如：「目標設立領袖」、「新人僱用領袖」、「教育領袖」、「指導制度領袖」、「招募領袖」等等。你可以每隔幾個月，就讓大家輪流擔任這些角色；前任領袖一部分的責任，是要訓練新任的領袖。

　　功能性領袖不必獨自完成全部的工作。他們的責任是把事情做完，是否親力親為並不重要。「研究領袖」可以負責聯繫真正進行研究的外包廠商。「業務員僱用領袖」可以負責架構聘僱流程並確保完成面試，而不必真的自己去當面試官。

團隊領袖範例

　　當有項功能需要內部某人去承擔（如帶領新進員工），選一個人負責就好，不要選出一整組委員會。讓這位受指派的人選，成為那個功能的迷你執行長。他有沒有真正在做那件事並不重要，關鍵是他們負責把工作完成，而且成果要比之前更好。

　　例如，在我建立團隊領袖和子團隊系統之前，我至少花了一半的時間在指導並訓練新員工。隨著團隊成長，我沒辦法給予他們及資深業務專員應得的時間和注意力。當我們轉變成團隊領袖和子團隊系統，每個加入子團隊的新進員工，前幾週的訓練及指導內容，由該團隊的領袖們負責80％以上。每個團隊領袖確保新進員工在進來6個星期之後就能如期進入狀況。我也因此有時間去指導資深員工精進更高階的銷售技巧。

　　這樣做對大家都有利：新進員工受到更多訓練和關注，資深員工得到我更多關注，我也能花更多時間做更有價值的事（如指導資深員工找到職涯方向，而不是教導新進員工如何使用Salesforce.com）。

　　團隊領袖不必親自執行所有的指導，而是負責確保新進員工在子團隊中接受到訓練和指導。當他們準備好接受更高階的一對一指導時，我就會參與並花更多時間陪他們。

　　為了使他們的目標與子團隊的目標一致，團隊領袖20％的目標及獎金，是由整個子團隊的結果而定。這20％是給承擔團隊領導責任的額外獎金。團隊領袖剩餘的80％獎金，則根據個人業績而定。

其他子團隊和團隊領袖的功能包括：

- 工作成果品管。我們在核發獎金之前有審計流程，用來確認銷售及交易成果。
- 為子團隊分配小筆獎金／行銷預算。
- 設計子團隊的有趣活動。
- 在子團隊中面試及訓練新進人員。
- 同儕互評。
- 子團隊銷售目標的每月成就。

我的時間主要花在指導團隊領袖上，也就是訓練這些訓練者。但我還是會到處走走，與每個人坐下來聊聊，包括新進員工。與第一線人員保持互動，讓我更能洞悉如何有效地幫助團隊領袖，以及改進我們的系統。

如何分配責任

你需要在團隊中分配責任，或挪到團隊以外，但不要因此增加許多額外工作。所以在分派之前，務必先執行排除、自動化及外包的步驟。

將責任分配給與客戶最接近、負責採取行動的員工，你的工作會更有品質和成果。他們也會因此學到更多業務相關知識，以及怎麼做才能成為成功的迷你執行長。

業務副總通常會將以下的責任分配出去：

● **目標設立**

必須存在哪些必要條件，才能夠使團隊設定可達成、且比過去更好的目標？

‧80／20法則：設立目標的流程中，有哪些比較不重要？真的需要設立並追蹤15個目標嗎？前20％重要的目標是哪些？

‧如果在團隊內和執行長身邊都有一名「目標設定領袖」，指派他們管理該流程會如何呢？

‧你是否需要獨立的「配額調配領袖」，負責每個月監督並回報團隊整體的進展，並標記需關注的領域？

● **需資深人員參與的重要交易**

如果每件重要交易，都得讓業務副總或你自己親自出馬，這就表示你的業務流程缺乏規模上的延展性，永遠會有某個人成為瓶頸。事實上，任何時候、任何人、在任何流程上成為瓶頸的話，你的發展就會受限。有什麼必要條件，可以讓你目前80％的重要交易，不需要業務副總或執行長的協助就能成交？

· 你能夠改善業務流程或產品品質，以減少業務副總的參與嗎？
　是否可以做到不需要太多協助，就能更輕易成交嗎？

· 有哪些資深主管可以「隨時待命」，參與重要交易？

· 是否有客戶跟你的關係很好，願意貢獻一些時間來協助你？這
　真的有可能，特別是當你提供特殊優惠方案給他們的時候。

● 業務報告及分析

　　必須存在哪些必要條件，才能讓團隊和主管只要按一個鍵，
就取得所有他們需要的報告及分析？

· 如果你使用Salesforce.com之類的軟體來即時公布銷售報表，你
　是否就可以完全不用找人來報告？

· 小心資料上癮的問題。哪些報告是有也不錯，哪些則是非要不
　可？要求報告的主管或董事常常忘記，完成報告需要花費可觀
　的時間與精力，會佔去員工做業務的時間，並不是零成本的。
　不要盲目地產出報告，要問他們這份報告的商業目標何在──
　也許他們想要的，並非他們真正需要的。幫助主管明白索取報
　告所需付出的成本，他們才能排定提出要求的優先順序。

· 你要如何重新設計報告，讓它更有用？許多報告純粹是應付某人的要求而做，其中缺乏明確的製作目的。你要問：「這份報告能如何幫助你下更好的決定？這份報告的目的是什麼？」如果一份報告不能輔助你排列耗費心力的優先次序，或者做出更好的決定，就代表有問題。

● 建立文化

許多公司誇誇其談文化這回事，實際上卻做得很少，文化往往只不過是另一套為了使員工「專心一意」及「成為團隊一分子」而強迫他們遵循的準則。你下了多少功夫在鼓勵與發展公司的正面文化，來吸引優秀人才加入？必須存在什麼必要條件，才能辨識出這種文化，並實踐其關鍵價值觀？舉例來說：

· 如果玩樂是你們文化中的重要部分（也最好是如此！），團隊裡就該有一位玩樂領袖，負責使團隊每個星期都有樂子。「負責的玩樂」本身並不矛盾，人一忙起來，往往就忘了要找樂子。

· 同樣的，那個人也許是、也可能不是活動承辦人、說笑話的人，或是發起即興辦公室卡拉OK節目的人。他們只需要確保定期舉行活動就行了。

絕不放棄

為什麼發展自我管理的員工和團隊感覺很困難？先假設你僱用到優秀的人才（通常不是如此），造成失敗的主要原因是太快放棄。這件事需要耐心與練習。

對某些人而言，也許需要6個星期，才能使團隊自我管理；有些狀況下，則可能長達6年。但如果你中途放棄，就絕不可能實現。委身於此，絕不放棄！

更多「將你的員工轉變為迷你執行長」的資訊，請上www.CEOFlow.com查閱。

讓整個團隊一同參與設計獎金方案

即使我保留了一些核心責任，例如獎金方案設計、V2MOM、願景規劃、年度計畫，只要大家想參與，我仍然會給每個人機會。無論你想建立什麼事情，讓員工參與（或是給他們參與的選擇權）都很重要，可以激發他們像你一樣關心公司。

例如，某次有幾位業務團隊成員表達他們對獎金方案的設計不滿，這個方案包含3個部分：

- 固定底薪。
- 根據每個月產生的有效（審查過／確認過）商機數來計算變動獎金。
- 根據業務員帶來的營收來計算變動獎金。

　　抱怨的內容略有差異，但大致上是針對我沒有花足夠的時間去教育部分新進業務專員，說明這個制度的道理。

　　我沒有去解釋為何制度這樣設計，而是建立一個讓團隊幫忙訂正的流程，並重新設計獎金方案。那時團隊的15人當中，有5人選擇參與協助。

　　我們開了一次大會來深入研究這個議題，檢視團隊的優先事項及目標（透過V2MOM流程來辨別），並成立一個論壇，讓他們盡情分享意見，討論怎麼做才能更妥善地塑造獎金方案以支持團隊目標。

　　經過幾小時的討論，團隊得到的結論是：目前的獎金方案已經是最好的了。討論的內容詳盡到甚至重新檢視各種基本假設，像是如何衡量績效及成功，以及是否該採用不同的衡量工具。

　　我不是只告訴他們為何獎金方案會以目前的形式呈現，而是引導他們進入自我發現的流程。一旦他們「找到了」，就不會再抱怨。更好的是，他們從此更有能力向其他團隊成員或新進人員說明獎金方案，所以未來的新進團隊成員再也不會不滿。

獎金方案最後紋風不動，我們等於是回到起點。或許有人會認為我們在浪費時間，但我認為把時間花在操練指導能力，並且以某種方式增進團隊的信任和透明度，再有意義不過。業務專員會覺得和團隊、制度更有連結感，因為他們現在更切身明白制度是從哪來、為何而來——這個制度為他們所有了。

我唯一的遺憾是，我本來希望他們能提出一些我疏漏的部分，大家一起把獎金方案改進得更好！

透明化的獎金及報表

將團隊中每個人的獎金透明公開，對我來說一點也不難，因為他們都採用相同的基本方案：底薪相同，獎金與回饋比例也相同。就算某些人更有相關經驗，也不會拿到比其他人更好的獎金案型。老鳥或期待高報酬的人，可以把目標放在衝高業績，賺取額外的獎金。

將獎金透明公開，讓整個團隊可以看見誰賺了最多，以及為什麼——他們把高業績轉換成高獎金。

公開獎金也能排除獎金和薪資上的錯誤，減少80％必須用於追蹤和回報獎金的時間。如果你沒有追蹤和回報獎金的經驗，我可以告訴你，那很折磨人。長久以來，我們都用Salesforce.com的分頁表來報告獎金結果。

不透明的獎金方案會如此運作：

- 跑報表，確認每個人的業績成效。
- 準備報告並計算獎金。
- 剪取報告中的個人部分，供他們參考。
- 跟每個人討論結果是否正確，看是寄電子郵件或當面談。
- 若有必要就修正報告。
- 把所有的報告合成一份報表。
- 送交財務部門。

以上流程恐怕不會這麼順利！如果報告有問題，或財務部門有意見，整個流程陷入痛苦的循環：「修正、重新傳送、檢查、再修正、再傳送、再檢查……」。當團隊超過一定的人數，我就會開始採用透明化的方法，以排除80％這類工作並精簡流程。

我會將所有的銷售結果與計算後的獎金，放在一份報表中，接著就把該報表寄給整個團隊。每個人都可以看得到其他人的結果，以及個人排名。

對，每個人本來就可以在我們的Salesforce.com儀表板上，看到按照銷售機會或成交量排列的名次，但在這張報表上，則可以看到自己按照總獎金排名的結果。他們可以清楚看到誰表現最好，因此能把其他人當作楷模，或向他們尋求建議——我們的文化是彼此幫助成功。

　　他們可以查看報告是否有問題，藉此確定財務部門頒發的獎金數字無誤。許多公司沒有這麼做，獎金頒發的問題時有所聞。因為我們公開且透明，他們可以相信這個流程，不用操心。

　　最後，切換到這樣透明的流程，對我和他們來說，都代表可以一下子就產出獎金報告！

　　我並沒有將它提昇到更高的層次，也就是找人志願當獎金領袖，為我管理出報表與後續的流程。但要做到這一步也很容易。

十種改善銷售自動化系統
使用率的方法

　　Salesforce.com這類的銷售自動化系統是必要工具，但就像任何工具一樣，唯有當使用者能熟練使用該工具時才有價值。但即使Salesforce.com很容易使用（其他系統也可能如此），許多公司仍難以敦促員工去使用。

三個提高使用率的核心關鍵

1. 主管必須以身作則

由執行長及高階主管開始帶頭以身作則。根據經驗法則,除非經理採用,否則下屬不會有動作;要讓經理動起來,高階主管就得親身使用。

2. 更好的設計＝更好的使用率

降低讓人採用的門檻,例如提供簡潔的介面、綜合的訓練及起初的扶持,他們就越願意採納。

3. 同儕壓力及協作需求

從高階主管開始,每個人都需要預期你的銷售自動化系統被使用。要這麼問:「為什麼這不在我們的業務制度中?」問到連你自己也厭煩了為止。甚至不惜做到中斷開會的程度,使大家現在、立刻升級業務制度。

十種增進你的銷售自動化系統使用率的方法

1. 設立有用的執行長／高階主管儀表板，並在主管會議中，加上一段審查該儀表板的議程。

2. 清理銷售自動化系統的無用內容，改善可用性。

3. 根據系統中的準確報表來發放獎金。

4. 清楚溝通為何使用銷售自動化系統很重要。

5. 依下屬的工作職位，客製化使用者介面。

6. 第一天就開始訓練並創造新進員工的期望。

7. 讓使用銷售自動化系統，成為業務文化及同儕壓力的一部分。

8. 參加銷售自動化系統的線上教學課程。

9. 僱用對銷售自動化系統有經驗的使用者，對下屬進行一對一的訓練課程。

10. 評估使用銷售自動化系統的智慧型手機版本。

1. 設立有用的執行長／高階主管儀表板,並在主管會議中,加上一段審查該儀表板的議程。

目前每週的主管會議,是在追蹤哪些指標?從Excel中抓出來,放在銷售自動化系統的儀表板上(如果有的話),並將該儀表板作為本會議的部分基礎。人人都要這麼做,沒有例外。這樣會造成由上而下的影響,非常有助於促使其他人採納!

起初可以簡單一點,先使用一個儀表板,其中只包含8～10個團隊最關心的重要指標,例如:目前季成交銷售額、本季即將成交額、本月有效商機數量、本月新增至銷售管線的客戶潛在金額、各垂直領域業績結果……等等。

2. 清理銷售自動化系統的無用內容,改善可用性。

不要再追蹤所有事情。你的銷售自動化系統越容易使用,部屬就會越樂意使用。清理無用內容主要是在隱藏員工用不到的資訊,並使標籤符合直覺:

- 隱藏用不到的分頁。
- 隱藏或移除用不到的資料區塊。
- 在自訂欄位中使用簡單、常見的名字。

3.根據系統中的準確報表來發放獎金。

如果銷售機會或顧客沒有列在銷售自動化系統裡面，或是沒有按照之前制定的標準填入，就不要付獎金。銷售機會填入銷售自動化系統的速度，會快到讓你大吃一驚！

4.清楚溝通為何使用銷售自動化系統很重要。

研究指出，當你清楚溝通你想要某件事或物的原因時，人們會更樂意合作。如果業務員覺得你希望他們採用銷售自動化系統，只是為了要查他們的勤，他們就不會願意合作。但如果他們知道這樣做會對自己有好處，狀況就不同了。

如果銷售自動化系統內沒有資料，高階主管就無從依循，或必須由人工導出資料，這兩種情況都會對業務團隊造成傷害。

當隊友（業務支援、內勤業務）因為客戶的資訊不正確、不完整、未即時更新客戶狀態，導致業務不順甚至犯錯時，就會害業務專員浪費時間。

客服也會因為不清楚該客戶的狀況，有可能無法提供優質的服務。

5. 依下屬的工作職位，客製化使用者介面。

找出業務專員對銷售自動化系統有何需求，以及他們如何從中受益，然後為他們專門設計出一個使用者介面，排除任何無關及分散注意力的內容。

6. 第一天就開始訓練並創造新進員工的期望。

建立第一印象，強化「所有事物都該存在於銷售自動化系統」的概念。一開始就讓他們建立好習慣。

7. 讓使用銷售自動化系統，成為文化及同儕壓力的一部分。

「如果銷售自動化系統裡面沒有，就代表它不存在。」若在管理上維持高標準期待而且不造假，業務員便會跟著改進。

例如：當專員與在銷售管線內的客戶電話溝通時，如果沒有輸入或更新交易，就要整個團隊停下手邊工作即時更新（前提是他們正在電腦前）。

同樣的道理，沒有輸入銷售自動化系統的交易，就不納入獎金計算。

8. 參加銷售自動化系統的線上教學課程。

　　不論你的系統是什麼，都有不同的課程，去上課吧！在完美的世界裡，你只要看系統一眼就會使用，因為一切都很直覺。但在以簡潔著稱的蘋果公司（Apple）也進入這一個市場之前，你還是得接受訓練。

9. 僱用對銷售自動化系統有經驗的使用者，對下屬進行一對一的訓練課程。

　　我發現許多銷售自動化系統的使用者，最主要是害怕「新系統」。陪他們上幾堂半小時的課程，簡單展示幾個有用的技巧，就足以讓他們跨越第一個大難關了。

10. 評估使用銷售自動化系統的智慧型手機版本。

　　如果在智慧型手機上有個銷售自動化系統的App，會讓人更容易存取資料嗎？特別是針對那些跑外勤、很難擠出時間用筆記型電腦更新資料的業務員，這樣就可以讓他們更容易進行少量但重要的更新，或是在任何地點、任何時間取用系統中的資料。

　　記住，成功推廣銷售自動化系統的責任，不只在於你所選擇的軟體，也不只在於業務員們。執行長同樣有責任要去使用，並繼續投入於任何能夠幫助公司接受並有效使用新系統的事情。

採納是誰的責任？

終極來看，成功推廣的責任不在於你所選擇的軟體。這也不是業務專員或業務經理的責任，雖然他們在採納上當然會扮演重要角色。

成功布署或採用銷售系統的最終責任，應該由誰承擔？是執行長（或業務部門主管）。

團隊會跟隨執行長的領導。如果你使用銷售系統，全公司都會跟著用；如果你不用，他們也不會用。你必須以身作則領導。

不要用命令的，而是說服大家接受你的價值觀及願景，讓他們瞭解採納你的系統之後會是什麼狀況！

後 記　接下來，你要怎麼做？

　　如果你讀完整本書，並探索過PredictableRevenue.com上面的資源，你就會有許多構想、問題和計畫。所以，現在你要怎麼做？你要採取什麼步驟？

　　我發現，不論何時何地，要把新資訊導入一家公司都頗具挑戰性，一步一步來會比較好。不要害怕有時只進步一點點，只要堅持繼續向前，不因受阻而停下腳步。

　　即便「陌生電銷2.0」流程看起來很容易，卻未必能輕易地堅持執行到底，並刻劃進公司文化之中。對個人和公司來說，改變都很困難。

　　其中的關鍵，在於誠心誠意地投入。以下我引述哥德（Goethe）的名言：

　　未到誠心誠意投入的境地之前，任何人都會有猶豫，有機會退縮。對於所有自發（及創造）的行動，只有一個基本的真理，若是對此無知，則會消滅無數構想及壯麗計畫：當一個人決定全然委身投入的那一刻，連造物主也會為之而動，使所有原本不會發生的事都為其效力。

　　此決定成為萬事之濫觴，為恩待他而興起各樣意外、交會與物質協助，人所夢想不到卻真實臨到。不論你能做什麼，或是夢想什麼，開始做。勇氣中自有天才、力量和魔力。現在就開始。

　　透過擁有可預測的營收，你能夠圍繞著熱情、正直、享樂、幽默、服務及真實⋯⋯等等的價值觀，開創出一個成功的事業。

　　你會愛上每一天，感覺到自己的重要性，打造舒適優渥的生活，而且不用犧牲與家人及朋友相處的優質時間。

　　現在就開始一個有滿足感又自由的事業吧！

　　如果你對教育指導、業務訓練或講演邀請有興趣，可參考以下方式聯絡我。

- **公司網站**：www.PredictableRevenue.com
- **LinkedIn**：www.LinkedIn.com/in/aaronross
- **SnapChat**：aaronross383
- **Twitter**：@motoceo

國家圖書館出版品預行編目資料

矽谷B2B業務勝經：以最精簡的人力，創造3倍業績 / 亞倫.羅斯(Aaron Ross)著；雲翻譯團隊譯. -- 二版. -- 臺北市：商周出版：家庭傳媒城邦分公司發行, 2021.06
　　面；　公分
　　譯自：Predictable revenue : turn your business into a sales machine with the
　　ISBN 978-986-0734-16-4(平裝)

1.銷售管理
496.52　　　　　　　　　　　　　　　　　　110006265

新商業周刊叢書BW0604X

矽谷B2B業務聖經：以最精簡的人力，創造3倍業績

原　書　名／Predictable Revenue：Turn Your Business Into a Sales Machine with the $100 Million
　　　　　　　Best Practices of Salesforce.com
作　　　者／亞倫‧羅斯（Aaron Ross）
責 任 編 輯／李皓歆、鄭凱達
企 劃 選 書／陳美靜
版　　　權／黃淑敏
行 銷 業 務／張倚禎、石一志

總　編　輯／陳美靜
總　經　理／彭之琬
事業群總經理／黃淑貞
發 　行 　人／何飛鵬
法 律 顧 問／台英國際商務法律事務所　羅明通律師
出　　　版／商周出版
　　　　　　臺北市104民生東路二段141號9樓
　　　　　　電話：(02) 2500-7008　傳真：(02) 2500-7759
　　　　　　E-mail: bwp.service@cite.com.tw
發　　　行／英屬蓋曼群島商家庭傳媒股份有限公司　城邦分公司
　　　　　　臺北市104民生東路二段141號2樓
　　　　　　讀者服務專線：0800-020-299　24小時傳真服務：(02) 2517-0999
　　　　　　讀者服務信箱E-mail: cs@cite.com.tw
　　　　　　劃撥帳號：19833503　戶名：英屬蓋曼群島商家庭傳媒股份有限公司城邦分公司
訂 購 服 務／書虫股份有限公司客服專線：(02) 2500-7718；2500-7719
　　　　　　服務時間：週一至週五上午09:30-12:00；下午13:30-17:00
　　　　　　24小時傳真專線：(02) 2500-1990；2500-1991
　　　　　　劃撥帳號：19863813　戶名：書虫股份有限公司
香 港 發 行 所／城邦（香港）出版集團有限公司
　　　　　　香港灣仔駱克道193號東超商業中心1樓
　　　　　　E-mail：hkcite@biznetvigator.com
　　　　　　電話：(852) 25086231　傳真：(852) 25789337
　　　　　　E-mail：hkcite@biznetvigator.com
馬 新 發 行 所／Cite (M) Sdn. Bhd.
　　　　　　41, Jalan Radin Anum, Bandar Baru Sri Petaling, 57000 Kuala Lumpur, Malaysia.
　　　　　　電話：(603) 9057-8822　傳真：(603) 9057-6622　E-mail: cite@cite.com.my

美 術 編 輯／簡至成
封 面 設 計／萬勝安
製 版 印 刷／韋懋實業有限公司
經　銷　商／聯合發行股份有限公司　電話：(02) 2917-8022　傳真：(02) 2911-0053
　　　　　　地址：新北市231新店區寶橋路235巷6弄6號2樓

■2021年6月3日二版1刷　　Printed in Taiwan

ISBN　978-986-0734-16-4（紙本）
ISBN　978-986-073-419-5（EPUB）

城邦讀書花園
www.cite.com.tw

著作權所有，翻印必究
缺頁或破損請寄回更換

定價380元